# 一食入魂之

## 職場療癒系美食

彭思舟——著

# 目錄

前言 9

冰火菠羅油的滋味，有如巧遇當年女友，風韻依舊，卻惜已為人婦，牽著她的手，後悔當年沒下手的感覺，總之悲喜交雜，一如冰火

一、臭豆腐 25

每個男孩心中都有一個女神沈佳宜，那我可斷言，每個飽經職場與愛情風霜的男人心中，也都有一盤神奇臭豆腐。

每個少年心中都有一條最佳泡妞路線，每個型男大叔腦海中也始終有一幅最佳療癒美食地圖，這兩種路線地圖，對我而言剛剛好是重疊的。

珍珠奶茶有牛奶、有珍珠，喝一杯就會有飽足感，外型美觀，口感創新，可享受流體的暢快，又能感受到固體的嚼勁，充分表達台灣人要求實用、「摸蛤蠣兼洗褲子」、「一魚總要三四吃」的性格。

所有台灣民眾都不能想像一個沒有台灣牛肉麵的城市？是什麼樣的光景？

五、米粉湯及其「黑白切」配菜　77

伴隨著米粉湯的，當然就是其豐富的配菜，俗稱「黑白切」，用台語念來理解，「黑白切」要表達的意思，就是老闆海派、讓客人可以小菜就吃得很豐富的意思。

六、手沖咖啡與個性咖啡店　88

每一家咖啡館，都曾代表著每一個台灣年輕人的夢想。

七、蚵仔煎與夜市小吃　99

台灣小吃其實反映著台灣社會的「集體移民性格」，台灣人的生命力，也完全彰顯在夜市那繽紛熱絡的小吃上！

台灣紅茶不必說，也是台灣民眾從北到南、從小朋友到大朋友都有的共同記憶、人生滋味，真心、用心煮的紅茶，甚至可以靠這一味，就能養家活口，一賣數十年。

淡水有三寶，碼頭、夕陽、周杰倫

鐵路便當代表的不只是一個便當，還有年輕時一個人搭火車離開家鄉、無所畏懼到他鄉打拼的勇氣，那種傳統口味的鐵路便當，應該代表了離家少年的心情，以及一種青春、無畏的滋味。

人到中年，真想好好吃個飯，尤其在那種很賽、外面氣溫13 ºC、內心溫度接近0 ºC，而且狀況就是只有一個人的時候，我選擇會去吃關東煮。

只是吃雞排為何要配「木瓜牛奶」？配可樂或珍奶不好嗎？當然也有人這麼做，不過，真正的「養生級大叔老饕」，都會這樣配。

# 前言

YOU ARE WHAT YOU EAT，傳統就有這樣的說法，人可以從他所吃的食物得到相同的力量，老人家常說的「以形補形」，約莫就是這樣的精神，尤其人在江湖，刀光劍影，不如意之事十之八九，尤其面對未知，感到恐懼與需要更堅強的自信，都是正常的，一如高空彈跳，最可怕的不是跳下去，而是要決定跳下去之前的恐懼，以及堅強的信念。這時候，如果有一種美食，彷彿魔法藥水，可讓缺乏勇氣的人得到勇氣、讓受傷的人即時獲得療癒，那該有多美好！

現實上，這並非不可能，歷史上三國曹操「望梅止渴」的故事，其實就是利用到這種神奇的方法，讓又熱又渴的大軍迅速脫離險地，找到水源。因為美好的感覺、勇氣與恢復，都需要被喚醒的，而往往藉由記憶中的美食美味做為媒介，就會有意想不到的效果，一如媽媽的蛋炒飯、阿嬤的炒米粉、初戀的泡沫紅茶，畢竟，人最初到這個世界上，都是從媽媽的第一滴乳汁感受到這個世界，同時得到安全感的。

我在這世界闖蕩四十多年，第一次感受到美食療癒的魅力，就是在十八歲大一那年的第一次失戀，連續兩餐沒吃飯後，感情受創加上飢腸轆轆的狀況下，老友找我到當時開始在台北流行的港式飲茶聊聊，近三十年前，港式飲茶的消費對一個大學生並不便宜，這算是相當有義氣的表現。

十八歲、失戀的我，吃到了人生第一個「冰火菠蘿包」，這個美食意義後來我發現對我的人生而言，比「告別處男」還重要，因為此包乃是港式飲茶師傅，將台灣原創的菠蘿麵包再加值，發揮創意將做好新鮮出爐、熱騰騰的菠蘿包，中間夾上一片厚厚的冰奶油，讓客人在一口咬到熱騰騰麵包的外層酥脆皮的同時，又感受到遇熱卻尚未融化的厚冰奶油，中間在口腔攪動的滋味，就像是在愛情中，好不容易交到女朋友，但還來不及「有進度」就分手。

又好似職場上，老闆升你職後，又預告薪水不隨之調整；另又像巧遇當年女友，風韻依舊，可惜已為人婦，牽著她的手，後悔當年沒下手的感覺，總之悲喜交雜，一如冰火；悲中有喜、喜中有悲，冰中有火、火中有冰，所以又將其包裝命名為「冰火菠蘿油（包）」，真是可以表現愛情與職場人生的好滋味啊。

所謂菠蘿麵包，是台灣獨創出來的麵包，連日本師傅都曾經專程到台灣學習過，它其實裡面並沒有包菠蘿鳳梨，當年台灣麵包師傅研發出

來，將其命名，只是一個有趣味的誤會。因其外形的「橫條方塊條文」類似台灣水果鳳梨，所以被台灣麵包師傅創作出來後，就被戲稱為菠蘿麵包，其口味簡單，但要做到好吃，卻其實不簡單，尤其要讓人有幸福的滋味，更難！因為一樣食物之所以好吃到令人難忘，甚至發揮療癒的效果，大部分不只是要靠師傅的火喉與秘方，吃的時機點更是重要。

職場與愛情中的起起落落，一如冰火，在神采飛揚之時，自是眾人爭相攀附，但在失意坐冷板凳之時，則是門可羅雀，原有的兄弟、美眉還會出現的，幾希矣！但藉著吃冰火菠蘿包，希冀自己在一切順遂、形勢大好之時，可以藉由冰滑的奶油包覆自己燥動的心，冷卻自己的腦袋，懂得更謙遜；在失權失意之時，吃著熱騰騰剛出爐的菠蘿包，溫暖自己心房，提醒著自己切勿失志，並更珍惜此刻雪中送炭的朋友。

人生猶如登山，不下一座山，就不可能爬更高的另一座山，況且人生好玩之處，就是總存在各種之可能性，有時山窮水盡疑無路，但卻柳暗花明又一村，謀事在人、成事在天，作者今年已經八十多歲的老父親曾經說，根據他一生的體驗，人生的成功，往往奠基在三項因素，「運氣、健康、奮鬥」，可作為參考。

尤其，作者身為已經超過四十歲的型男大叔級人物，體悟人生，才曉得孔子為何說四十可以不惑？因為大部分人四十歲以前都在迷惑，迷惑愛情、迷惑事業、迷惑人生，總是在不斷挫敗中，找到答案，然後又在下一個挫敗中，發現前一個答案的錯誤，終於到了四十歲，才發現原來讓人迷惑的愛情、事業、人生，根本就沒有標準答案，所以，也就不再尋求答案，因此，不惑。

在寫這本書的同時，作者面臨中年轉業，放棄原先擔任大學教授擁有的社會地位、薪水、以及所有的穩定，航向未知，一如麥哲倫孤獨的航程，失敗的機會成本大於一切，但人生不應該只是當教授這樣一條單行線，至少對我這樣的人而言，所以，今年四十三歲，雖然自認為型男，但總歸是大叔級的我，決定對人生叛逆一次，我宣布，我要放棄穩定的教職，朝向對社會更有貢獻的產業「轉業」去了！

「徹底忘掉過去的一切光榮、驕傲，重新把自己歸零，把自己當成是一個屁，頭也不用回的重新再出發！」，這是我從單位離職一秒前，一位可能覺得我不是偷偷中了樂透、就是中年危機發作兼發瘋的同事跟我說的。

其實，四十三歲，人生已走過大半場，卻還如年輕人一般搞叛逆，又沒有王永慶、李嘉誠的富爸爸當靠山，家裡還有老婆、小孩與房屋貸款要負責，竟然放棄優渥的現職選擇轉業，不要說別人怎麼看我，在真的沒有中樂透的狀況下，我們心自問都有些瘋狂，但人生畢竟是自己的，中年真的要轉換職場，至少要有達到「責任與夢想」、「願望與實力」的平衡能力，這樣的壓力指數其實不小，根據專家研究，中年轉業其壓力等級幾乎等同於生小孩及破產。

最顯而易見，大叔找工作會發生的現象，就是電腦一打開人力銀行寄來的面試通知，往往只有三種產業會找您：「保險業、殯葬業與傳銷業」，並不是說這三種產業不好，而是血淋淋的事實，一個人在找工作時，決定性的因素，其實是「市場」。

在人求事、事求人的人才市場中，是由「市場」來決定一個人的經歷、特質與專業，「市場」願意給予他什麼樣的位置，而對中年大叔而言，普遍市場認定其最有價值的部分，往往是屬於「企業內部熟練」，也就是他熟知一個大企業內部要完成一件事，需要打通什麼樣的環節。

但這樣的「企業內部熟練專業」，在人才市場上，往往只有負責

「官方特許」或「壟斷產業」管理公部門的公務員退休轉業，會得到好的轉業機會，因為這些私人或國營企業需要他們去當「門神」，但對於更多不是公務員、沒有月退俸、公司倒閉或部門裁撤、裁員，已失去「企業內部熟練」價值的大叔級人物，如果不是非自願性的轉業或創業，而是如我一般，單純想要為人生拼搏一次，的確需要承受很大的壓力與代價。

人生永遠無法「又要爽又要貞節牌坊」，這種壓力與代價其實就是做中年轉業決定要付出的「代價」，「出來混就是要還的」，尤其工作、名片、頭銜似乎變成了一個中年男人象徵社會階級地位身份的代稱，一個失去職位頭銜與名片的中年男人，其實要做的第一件事，就是要重新接受什麼都沒有的自己，甚至發展出「自己就是價值」的概念，就必須要去面對，不然這個社會也就不會有張忠謀、馬雲、雷軍出現了。

就像比爾蓋茲說的，「這世界並不在意你的自尊，只指望你在自我感覺良好之前，得先有所成就」。對於轉業、創業就是要有以身相殉的決心，況且誰說博士、教授就不能賣雞排？大叔不能當便利超商、麥當勞工讀生？如果阿姨、大嬸可以，我就可以！套句電影黃飛鴻常講的話：「自強不息」！

而「自強不息」的第一步，其實就是「不自欺」。畢竟已「小腹大凸、中年四十」的我，依然需要勇氣以及更進一步「瞻前顧後」的深刻思考，確認自己並非莽撞，所以需要一些對自我的療癒，對已是大叔級的我而言，有效療癒的方法很多，但代價卻未必是一個有兩個小孩的爸爸付得起的，例如環遊世界，搭郵輪只要約八十五天，一百五十萬台幣左右可以搞定，但只有我自己一個人爽，老婆應該會抗議到爆；單車環島，已是老梗，且完成後我不確定自身心靈有否得到療癒？但我肯定我肉體一定要進廠保養。

此外，暗黑療癒界的朋友建議，找個如林志玲般的療癒系美女進行有效心靈治療，這也是許多中年大叔夢寐以求的療癒秘方，但可惜不管是體力、感情或金錢，我都已無力負擔，還可能面臨比沒有事業更悲慘的家庭損失，所以也只能聽聽就好。唯一最有效的方式，就是大叔所精選出來的職場療癒系美食吧！

行走江湖這麼久，在心靈與身體都已逐漸千瘡百孔的四十三歲，總有一些人生的經驗，可以提醒自己不要再重複犯同樣的錯誤，同時，也給後進者、年輕人一些提醒，期待他們的青春人生，除了用「小確幸」避世外，可以少點迷惘、多點熱情，勇敢走向自己的夢想，自己的價值自己肯定、自己的人生自己開創，下決心走一條屬於自己的道路，並承受路上的一切孤獨、寂寞、無助與悲喜。

因此，本書藉由臭豆腐、陽春麵等大叔級精選的職場療癒系美食，所咀嚼出來的經驗與提醒，期待對有緣分享的讀者有所觸動，所有宗旨與精神，簡單歸納以下五點，貫穿所有職場療癒系美食所傳達的療癒精神與背後代表的人生勇氣意涵。

一、天生我材必有用，不管在職場與愛情，英雄絕對有用武之地！

一如台灣風味小吃「雞捲與糕渣」，發源都只是「菜尾」、「多出來」（台語發音）的部分；臭豆腐，更只是清康熙年間一罈被遺忘的豆腐，發霉發酵發臭到極致後，反而被發現成一舉聞名天下的美食。

所以不用懷疑自己到底能作什麼？到底能否有個另一伴？做好你眼前可以作的事情，同時，不管在人生的任何階段，不要放棄夢想與希望，也不要忘了珍惜身邊的每一個緣分，即使是別人眼裡認為再微不足道的夢想與緣分，都可能帶給您生命中最美麗的相遇與悸動。

二、人生不如意十之八九，但就是要經歷許多的不如意，成功才能鍛鍊出來！一如「貢丸」、「貢糖」，都是要經過千錘百鍊「損」出來，才有的美味；台灣木瓜會又大又好吃，也是農民在其成長過程中，將其彎折至九十度，讓其以為自己即將死亡，所以奮力產果，結下美味的果實。

人生不如意，本來就是理所當然，但在不順心的日子裡，多運動、多流汗，同時，買點東西、最好再加上甜言蜜語，慰勞一下平日辛苦、卻又很喜歡碎碎念的媽媽、老婆或女友等親人及長輩好朋友，生活中總會有一點好事出現的。

三、這世界大部分的東西都有「賞味期限」，即使是最能保存的泡菜、酸菜等美味都一樣有最佳「賞味期限」，職場、愛情亦然，賞味時間長短不一，與其忍受過期產品可能讓你拉肚子的副作用，不如在有效期限內，好好享受珍惜每一段的緣分，在職場、愛情有效期限過期後，也包含你自己不小心成為別人的過期品時，都能坦然接受。

認真聆聽自己內心的聲音，作自己想做的事。畢竟，有些衝動，年輕時不去化為行動，這輩子就不會再這樣做了；有些夢想，如果在青春或還有呼吸時，沒有試著去把握一次，這輩子，也就不會再有勇氣，以及發現精彩的時候了，不要怕犯錯，這世界許多的美麗，都是因為偶然的錯認或錯認的偶然造成的。

四、就像台灣的四川牛肉麵、溫州大餛飩、福州麵、蒙古烤肉，其實都是台灣原創的，四川其實沒有川味牛肉麵、溫州也沒有大餛飩、福州沒有傻瓜陽春麵與乾麵，蒙古更沒有用長筷子大鐵盤翻炒的蒙古烤肉，一切都只是一九四九年跟著國民黨撤退到台灣的三百萬軍民，所有鄉愁回憶與迫於生活偶然的錯認，或者是錯認的偶然，所造成各種味覺的美麗，也交織成另一種他鄉成故鄉的台灣滋味。

無論您的過去有多精彩，緬懷一秒鐘就好，讓它過去；無論您的過去有多悲慘，只要記取教訓即可，連一秒鐘思緒都不用停留在哪種悲哀的氣氛中，因為活在過去並無助於開創新未來，經營好明明白白的每一個「現在」，累積每一個「現在」成為更好的「未來」，才是王道。

五、奶茶，曾經是地球上最好喝的飲料之一，所以英國皇室下午茶必備、清朝皇室連祭祀都會使用奶茶，乾隆皇還有專門的奶茶碗，以和闐白玉鑲紅寶石製成，但到了香港與台灣，在原有奶茶的基礎上，兩地又分別發展出流傳世界的絲襪奶茶與珍珠奶茶，「從奶茶出來，卻又走出了一條奶茶新的道路」。

其實，已發生的事情不管好壞，都可為未來加值，重點是今天我們看它的角度與態度，正如人世間許多的美食，其實都是在既有的基礎上，再加以創新加值，最後變成深入人心的美味，珍珠奶茶與絲襪奶茶做的到，我們在喝這兩種奶茶的同時，面對未來當然也要有不能輸給它的氣魄。

總之，對於一個已經逐漸習慣體制內、一路走來乖乖教書、總以社會穩定俗世價值、循規蹈矩的中年大叔族，身處大環境的變遷下，拒絕做逐步冷水烹煮的青蛙，即使知道在「穩定的高牆外，面對的是進擊的巨人」，依然決定奮力一搏、爭取未來。

人在江湖，在面對這些挑戰時，大家都需要一些無形或有形的支持，本書提供一個方便法門，用「職場療癒系美食」來療癒大家多年在職場、生活、疲累受傷的心靈。

這些療癒系美食台灣到處都有、人人都負擔的起，而且都不是什麼昂貴的魚翅、鮑魚、海蔘等高級食品，不選這些等級食品的理由有二，第一，它們本身其實都不好吃，而且有礙環保；第二，有些食物人們吃它，並非為了美味，而是為了吃它所彰顯的地位，一如在職場與愛情裡，有些朋友並非真想與您這個人交往，而是在與您的職位財富權力交往，當你失去了他們所看重的東西，他們也就淡然遠去，這也理所當然，因此也該處之泰然。畢竟人生不只要能享受晴天，也要能夠欣賞雨天。

在上述的過程中，有職場療癒系美食為伴，顯然是非常有效迅速療癒面對人生的方式，因為YOU ARE WHAT YOU EAT，吃著這些美食，知道它們美味的鍛鍊過程，以職場、愛情與生活中的酸甜苦辣做佐料，從中取得美食之所以為美食的相同力量，真是最有效的療癒途徑啊。同時，在咀嚼這些職場療癒系美食中，既整理了自己的過去，療癒好受傷的心情，也盤點準備好面對未來的勇氣與武器。

# 一、臭豆腐

有些美味，喜歡的人極其喜歡，討厭的人卻非常討厭；臭豆腐一如榴連，評價兩極，我吃臭豆腐的歷史，從小學三年級開始，歷經三十多年，看過的臭豆腐攤，從在台南市麻豆區（過去為麻豆鎮）一家每天下午只固定出現在麻豆鎮上某十字街路口，且三、四小時內必定就賣完收工的「神奇臭豆腐攤」，此攤還沒出現常就已聚集人群，不知經過的人還以為是街頭運動群眾聚集，等待神奇豆腐攤出現，一飽美食；還有不管什麼時候去，總有一排隊伍在新北市三重二二八公園的臭豆腐攤前排隊，其中多是中年型男大叔。

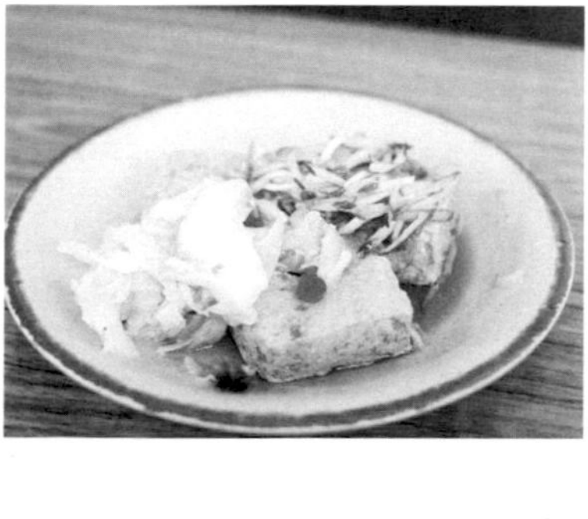

如果說，每個男孩心中都有一個女神沈佳宜，那我可斷言，每個飽經職場與愛情風霜的男人心中，也都有一盤神奇臭豆腐。

因此，臭豆腐我把它列為職場療癒系美食排行榜第一名，吃了它，不論在多慘的狀況下，都可以獲得重新再出發的勇氣，推薦它的原由有三：一為英雄不怕出身低，它前身曾是帝王家漢朝淮南王劉安研發出來的皇家食品，其後在清康熙年間，被王姓豆腐店老闆，徹底遺忘到角落後發臭、衰到底之後，又重新被發掘出來的英雄美味。

且其美味的根基，正值基於其發酵發臭的過程，正如一個人在職場上，必須先當自己是個屁，不管過去有多屌，都要拋棄過去，重新歸零，在各種挫折中重新萃取再奮進的養分；又比如在愛情方面，所有的白馬王子、白雪公主都曾經是青蛙王子、水溝公主；但是經過一次次的失戀打擊經驗，才會鍛鍊出自己真實的戀愛觀，變成一個更好的人。

其二，臭豆腐雖出身於豆腐，卻又走出一條不同於傳統豆腐的嶄新道路，它可以清蒸，也可以油炸，還可以碳烤，吃法多樣，深具彈性，而且因為重口味、濃香臭，所以通常以蒜泥、辣椒為佐料，不管油炸還是清蒸，在還未入口時，就已感受此物氣味撲鼻而來的激情，且若為油炸臭豆腐，在入口第一咬時，立馬感受到香脆的表皮，在進一步深咬時，發現裡面竟是柔嫩，一如在職場，不是因為有希望才堅持，而是在堅持後才看到希望，再細細咀嚼，蒜泥辣椒充滿口腔，搭配一口酸甜辣的泡菜，各種滋味雜陳，有點做愛之後的動物感傷。

若為麻辣清蒸臭豆腐，則是台灣師傅取法重慶麻辣鍋，除麻辣清蒸臭豆腐外，再加以鴨血、丸子、酸菜、豬大腸等口味奇搭無比的美食，卻絲毫不會搶走臭豆腐的風采，美味直逼職場療癒系美食之最佳復仇者聯盟。

吃著臭豆腐，想著YOU ARE WHAT YOU EAT，得知其從皇家出身到一路衰到爆之後，重新從底層再崛起的力量，同時還可以整合其「重口味體系」的所有資源（麻辣、鴨血等），走出一條新路，職場生活起落，不也是如此。

推薦臭豆腐為療癒系美食之首的第三個理由，就是它提醒吃它的每個人都要勇敢，就會有好事發生！因為其味道在從未吃過人之面前，其濃郁厚重之臭味，足可讓人卻步，魯迅曾說過，第一個吃螃蟹的人類是勇士！

畢竟，遙想從沒吃過螃蟹的人類，對於這個長得不算可愛，甚至有些可怕的硬殼東西，竟敢鼓起勇氣去吃，必定是在肚子極餓時產生的衝動，沒想到就為人類發現了一道終極的美味，但彭博士也認為，第一個敢吃臭豆腐的人，也必定是一個勇氣非凡之人，面對令人卻步的味道，因他勇敢「吃」出這一步，才有流傳天下的臭豆腐問世，所以，在面對人生困難時，都應該要勇敢面對，誰知道後面會不會有什麼好事發生？

所以，珍惜每一個奮進的念頭，那將是我們活著比別人不同的證據。對於作者而言，寫這本書時正面臨職場升職瓶頸，正想考慮放棄優渥薪水與社會地位的大學教職，重新投入產業界，但不同於其他中年轉業人士，筆者面臨第一個挑戰問題，就是牽涉到一個台灣社會的迷思，有博士學位的，似乎就一定要當大學教授、在大學教書。

但繼續堅持做現在大學教書的工作，我已可預見自己未來二十二年、六十五歲退休前職場的生涯，就是「可以吃的飽、別想吃的好」、「可以有夢想、到死只在想」。當了十年的教授，總是在職場、在教室，鼓勵我的同仁、學生要勇敢追夢，但輪到自己的選擇當下，如果連一次也沒試過，未免太遜了。

再加上站在熟悉的經營管理系講台上，唬爛成功之道，但自己這輩子卻從來沒真的成功過，連所屬科系都因為市場因素被停招了，如果現在連走出舒適圈，去為人生拼搏試一下的勇氣都沒有，這樣的筆者、我，心虛到認為自己沒資格面對學生。

況且在少子女化衝擊之下，從二〇一六年開始到二〇二四年，將是台灣高中職畢業生源大幅減少的連國立大學院校都將不足額招生的狀況，簡單的說，高教產業狀況堪憂，屆時最慘的時機，我剛好五十一歲左右，想轉業追夢，即使不論體力、資金，志氣野心應該也被消磨差不多了，再加上心中浮現極少部分為了一份所謂「穩定」的教職工作，而失去人生更多東西的朋友面孔，心中想要奮力一搏的心念更加強烈。

人生終歸是自己的，自己的價值應該自己創造，而不是以老闆、他人的肯定作為自己的人生座標，就自己的人生論自己的人生，我今年四十三歲，人生已經走完上半場，下半場正在開始，「不怕的人面前才有路」，人生選擇最難的，就是做選擇的當下，但也是因為每一個人在人生中所做的每一個選擇，累積起來，才會決定你是一個什麼樣的人，而我，想決定自己的人生。

在吃完一盤大份臭豆腐後，我下了最後決定，寫了資遣退休的申請公文，正式上簽後，刷了兩次牙、再加上草本漱口水以及重度黑咖啡，以消除口氣（老婆大人不喜歡我吃臭豆腐後的口氣，曾把她燻到難以入眠），鼓起勇氣用「開大門、走大路」的態度，召開家庭會議，告訴老婆、七歲多與一歲多的兩個兒子，老爸這個中年型男大叔未來的轉業追夢規劃。

家庭會議中，我保證我老婆嫁的這個老公、小孩的老爸，有追夢的「願望」，也有準備好追夢的「實力」，請家人給我一年的時間拼拼看，如果成功全家一起上天堂，但如果失敗全家也不會住套房，因為之後無論做什麼工作，我都將把家庭的責任放在第一位，我請全家給我一年的時間，如果轉業追夢未成，將有覺悟放下一切身段，當自己是個屁，有勇氣接受任何「社會需要」而非「我想要做」的工作。結果，好事發生了，全家都表示支持我，不過，一百多萬的資遣退休金要列入「老爸追夢年度之家庭預算經常門」。

# 二、淡水魚丸、蝦捲、阿給及酸梅湯

每個少年心中都有一條最佳泡妞路線，每個型男大叔腦海中也始終有一幅最佳療癒美食地圖，這兩種路線地圖，對我而言剛剛好是重疊的，筆者在念輔仁大學期間，最喜歡在感到孤獨、寂寞、空虛、無助、有妹、沒有妹的時候，從新北市新莊區經二省道騎機車到八里渡船頭，當時的機車是可騎上渡船，人與車一起搭乘到另一岸的淡水，在渡船上靠著機車，吹著有點鹹的海風，看著對岸的淡水出海口與城鎮，覺得自己好像當年以機車廣告「你是我的巧克力」竄紅的偶像「郭富城」，把所有不好的心情就都留在了八里左岸。

那時的八里還沒有開發出左岸公園，但已有孔雀蛤、三胞胎等名產，可惜這些美食並不適合一個為賦新詞強說愁的少男，以及孤獨、需要療癒的型男大叔吃，吃美食與把妹、職位一樣，都需要對的時候、對的緣分，以及對的心情。

我喜歡人車到對岸淡水後，當然要看夕陽、吃魚丸及阿給，不然等於沒來。淡水碼頭賣魚丸的攤子很多，但筆者偏愛到老街上一家「可口」魚丸湯，點個魚丸湯與肉包子吃，到不是店裡有掛許多包括連爺爺等名人光顧的照片，而是同樣都是魚丸湯，但這家的魚丸的確有點不一樣，特別彈牙，而且即使魚丸表皮已經稍微冷卻，但內餡卻仍燒燙，一如輕狂少年，表面耍帥不在乎，內心卻已然波濤起伏，又有如久經職場人生風霜，內心縱然仍有火焰，但一到喉嚨出口時，又是欲語還休，卻道天涼好個秋。

有去喝魚丸湯，一般必然會叫個包子，這已成為一個標準的SOP作業程序、朝聖的儀式，只是曾經細問當地耆老，為何吃魚丸湯當初要配包子，而不是配一個紅豆餅或胡椒餅之類的？典故原來約莫是，淡水清末時期，已為國際大港，碼頭多運貨工人需要在正餐之外補充體力，光喝個魚丸湯不夠飽足感，所以要配幾個肉包子，才能滿足！而老店可口魚丸的肉包雖比一般四神湯配的包子稍小，但肉餡與包子麵皮的比例剛好，搭配甜辣醬，別有一番滋味。

吃完魚丸湯，若對自己的「肚量」有信心，還可以照顧一下阿香蝦捲阿婆的生意、順手買支蝦捲。蝦捲也是一種庶民小吃，台南有周氏蝦捲、淡水有阿香蝦捲，一南一北，好似金庸小說中的「北喬峰、南慕容」，功夫口味各有擅場。

不過，周氏蝦捲似乎年代早於淡水阿香蝦捲，有將近五十年歷史，

而且後代不斷改良，以新鮮蝦仁為主要原料，後來大受歡迎，八年前我在台南麻豆教書那些日子，常去光臨，而且初見面時，感覺裝潢明亮、清潔衛生、設備、動線安排順暢，似乎與連鎖速食麥當勞沒兩樣，差別只是一個賣漢堡、一個賣蝦捲，這也證明了台灣人吸收外來文化，加以融合的靈活度。

而淡水阿香蝦捲則也有超過三十年歷史，但仍然是走傳統攤商路線風味，並未如周氏蝦捲後人，以連鎖經營的理念發揚光大，但不管如何，一如人生，各自有各自要走的路，青菜蘿蔔各有所好，無所謂誰比較好，也比如做善事，有些人採用高雄莊朱玉阿嬤花自己的錢幫助窮人、連賣七間房子，為善一方，一做五十年，讓社會為之感動；有些人成立慈善組織，匯集大眾善款、社會力量，企圖為善全球、將善行廣披，動機亦是良善。

無論如何，總是每個人的選擇不同，淡水阿香蝦捲據傳是於三十多年前，由淡水碼頭一位老伯所創，採用蝦肉與豬肉混合後，用餛飩皮包起來油炸，口感香酥，而且現炸現吃，後來傳給一位叫做阿香的女士，一賣三十年，導致淡水的蝦捲幾乎都叫做阿香，這也證明了「戲棚站久了，舞台就是您的」的勵志語。

邊走邊吃著阿香蝦捲逛淡水老街，手上再拿一杯酸梅湯，似乎是相當正點的選擇，不過，走路邊走邊吃好像是小學時候老師禁止做的事情，但是管他的，有些東西就是有享受它的最佳方式，蝦捲、酸梅湯、霜淇淋、珍珠奶茶、鹹酥雞，就是要邊走邊吃才夠味。

我曾經鼓動一個家教甚嚴、從小媽媽也不准她邊走邊吃、說是女生吃相不可難看的朋友，叛逆一次試試看，因為正宗的阿香蝦捲也沒位置讓你坐，而且，現炸之後就是要先吃才好吃，結果，我問她是坐著吃蝦

捲好吃、還是站著吃，這位很少違逆媽媽的朋友說，佐以叛逆的滋味，真的邊走邊吃比較好吃。

手握蝦捲，邊吃邊沿著淡水真理街的方向走，可到淡水圖書館前的天橋，鮮少人知這個地點，就是創下台灣畫家繪畫拍賣國際最高價2.1億台幣「淡水夕照」、當初畫家陳澄波寫生的地點，可惜他後來在台灣二二八事件被國民黨槍殺，誰想到日後他遺留的畫作，可以受到市場國際級的肯定，這就是人生啊，張愛玲說，成名要趁早，但如此幸運的人畢竟不多，不過，比起陳澄波有才華還很努力，我們不一定那麼有才華，也應該要更加油才行啊。

走上淡水圖書館的天橋，可信步隨意往在文化國小附近的「文化阿給」走，路途還會經過小白宮（清代淡水關務司），沿途街景，一磚一瓦，恰如舊時，稍微想像力豐富一些就可彷彿進入另一個時代，周杰倫電影「不能說的秘密」有些場景即是在此拍攝，走到這裡，肚子剛好也有些餓了，一定要再吃一下淡水文化阿給才算完美，到淡水沒有吃阿給，就像到紐約沒有看自由女神、到東京沒有去晴空塔，一樣可惜。

淡水阿給有很多家，但不知道是味蕾最初的記憶，還是被年少初戀美好的回憶綁架，我總是要來吃文化國小旁邊這一家。「阿給」的創造，以及有名，乃始之於淡水，其作法來源自日本的「油揚」（油炸豆腐皮），卻又加上了淡水本身特殊的包裝，它中空的豆腐皮內裝了冬粉，缺口用混合了紅蘿蔔的魚漿封住，再淋上特製的醬料，那樣的美味，頗具「改良式創新」的精神。

但我喜歡這家，不只是它是老店又好吃，而是每當獨自一人在此品味阿給，其實也同時在回味著年少記憶，記憶裡混和著青春初戀情人的明眸皓齒、巧笑倩兮，在黃昏夕陽中，相同的場景依舊，只是人物不

再，但還好，依然有好吃的阿給，會一代代的傳下去。

太浪漫的場景，其實不適合一個大叔級的人物逗留太久，而且吃完阿給不趕快準備回家，淡水就要塞車了，經過美食的療癒後，不適宜又經歷塞車的煩悶，這會影響療癒的效果，但回程一定要隨手買杯「阿嬤的酸梅湯」，酸梅湯，只是一個簡單的食品，但甜酸滋味，不就是象徵一種人生？

小時候長輩介紹我吃的時候，其實我並不是頂喜歡，因為酸味，但隨著年事漸長，品味世事越多，越覺得這酸梅湯有學問、有人情；其有學問的是，好的酸梅湯，祛痰止咳，細品起來，酸中有甜，甜中帶酸，餘韻綿長，沒有酸就無法凸顯甜、沒有甜也不能表彰酸，正如人生始終無法「又要爽又要貞節牌坊」，這樣的味道，適合在職場上面對各種人事紛爭，欲語還休、欲辯已忘言，卻道天涼好個秋的職場中年，慢慢體

味，一如人生百態，拉長時間來看，所有經歷都應該值得感恩，只是箇中滋味，如人飲水，百味自知啊。

有句話說的好，「出來混，總是要還的」，職場如同江湖，所有現在面臨的問題，都是以前種下的「因」，所以結成現在的「果」，既然如此，無論發生什麼事情，其實就沒有什麼好怨嘆的，都可以概算成出來混的「成本」，只是多年的職場經驗告訴我，「不圖小利、始有大謀」，「開大門、走大路」永遠是最好的政策。

如因貪圖一時方便或利益，而犧牲基本的道義與原則，將來所要付出的成本更高。淡水魚丸、蝦捲、阿給、酸梅湯，其實都只是簡單的食物，但卻可以走過將近一世紀而聲名不墮，簡單的東西其實不簡單，所有可以流傳超過百年的美食，都總有一些「千金不換」的堅持，人生在世，即使再渺小的東西，若能用一生去堅持，一如「高雄以賣菜為生、

累積涓滴利潤、堅持行善、當選亞洲英雄的女士陳樹菊」，我想，也能成就一個傳奇吧！

# 三、珍珠奶茶

珍珠奶茶是屬於五、六年級生共同的成長記憶，而且火紅程度持續至今，珍奶不只外表營造出多層次的美感，滿足人的感官視覺享受，而且又加入粉圓，讓人在享受液體飲料的同時，又可以感受到粉圓固體的嚼勁，創造出全然一新的味覺體驗，再加上又有牛奶的成分，讓人也可因此有飽足感，充分體現一種浪漫、創意與務實，非常適合「人到中年」依然勇敢有夢，同時又不能脫離各種社會責任，築夢踏實的中年大叔。

尤其中年轉換職場，絕對需要一點浪漫的勇氣、務實的能力，以及創意的競爭力，否則連累的不只是自己，還有可能是嗷嗷待哺的家人，

在思考這些問題的時候，如果可以忘掉高熱量與減肥這件事，立馬來一杯珍珠奶茶，定可瞬間充滿正向的力量。

所以說，珍珠奶茶除了是最能代表台灣民間充沛的想像力、創造力，小可興家、甚至大可興國、是台灣柔性國力的飲料外，也是五到六年級生、已晉身大叔級之最佳職場療癒系美食，藉由YOU ARE WHAT YOU EAT，讓既是飲料又是小點心，擁有一次滿足新鮮感、視覺、味覺、飽足等多功能趣味食感的珍奶，帶給我們象徵浪漫、務實、擁有夢想、又能築夢的勇氣與實力。

有趣的是，在華人地區，除了台灣發展出珍珠奶茶流傳世界，如同二十世紀伴隨美國文化席捲世界的「可口可樂」，成就可口可樂就等於美國文化的百年傳奇外，香港也發展出絲襪奶茶，香港曾經做為英國的殖民地，也是中國大陸從清末以來西化的窗口，香港居民處在中西文化交流、華洋雜處的環境中，也發展出屬於自己的一套價值觀、生活觀，具體落實到生活裡的，就是常見的各種號稱「港式」的食衣住行。

以美食而言，例如飲茶，最早是英國人把喝「下午茶」的習慣帶到香港，香港居民把它發展成獨具特色的港式飲茶文化，其中，最讓我著迷，而且必定每次都無視於健康檢查報表的，要多來幾杯的，就是港式奶茶，也是俗稱的「絲襪奶茶」。

且一如珍珠奶茶是最能代表台灣的飲料，其有牛奶、有珍珠，喝一杯就會有飽足感，外型美觀口感創新，可享受流體的暢快，又能感受固體的嚼勁，象徵台灣人實在、「摸蛤蠣兼洗褲子」的性格。

絲襪奶茶也像香港人，下午茶雖是歐洲人發明的，英國人把它帶到香港，香港接受了下午茶，這是一種典型的「全球化」；但香港卻又用一種屬於在地的方式，把它內化為自己的飲茶文化，而且更加發揚光大，把絲襪奶茶在內的多種美食帶入港式飲茶的文化，這當然更是一種將「全球在地化」。

不管珍珠奶茶還是絲襪奶茶，都可說是華人的驕傲，但珍珠奶茶出現的時間始於一九八〇年代，晚於絲襪奶茶的出現，筆者有理由相信發明者也吸收了絲襪奶茶的「全球在地化」的策略眼光。

因為它除了風靡全台灣外，威力亦早已橫掃國際，在一九九七年成立、美國矽谷最大的台灣珍珠奶茶連鎖專賣店「夢咖啡」，證明台灣珍珠奶茶的魅力，連老美都無法擋，而且還打入上流社會，進駐矽谷高級精品商圈Santana Row大街，與Gucci及Tod's等名牌商店並列，最後珍珠奶茶導致茶飲料在美國的流行，甚至逼得咖啡店帝國「星巴克」二〇〇五年在美國本土，也不得不推出類似的茶飲料，以應付台灣珍珠奶茶掀起的茶飲料攻勢。連口味最刁鑽的日本人，也熱愛珍珠奶茶他們叫它

「QQ MILK TEA」！

君不見多少老外，在喝過珍珠奶茶後，對其香滑濃、其美感與口感，讚不絕口，相較原有的英式歐式奶茶，一如「范冰冰」相較「白冰冰」，同樣都是冰冰，但就是不一樣，讓許多老外大呼從此再也回不去了。

總之，融合中方與西方，表現出不同於原有奶茶更獨特的味道，並更重視創意與層次，從奶茶出來，卻又走出一條與傳統奶茶截然不同的道路，我相信據稱可能是最早發明奶茶、嫁給西藏君王松贊干布的唐朝文成公主，地下有知，也會給珍珠奶茶一個「讚」吧！

年少時珍珠奶茶的全稱，也曾叫做「波霸珍珠奶茶」，帶給無知少男許多遐想，但之所以有此名稱流傳，主要是粉圓後來發展出有大小顆粒，大顆的就戲稱以此命名，其實並不是真的有波霸妹妹搖出來的。

不過，也有另一種解讀，因為珍珠奶茶流露出只有「台灣正妹」身上才有的香甜氣息，所以才有資格命名為波霸吧！

就好像絲襪奶茶也不是用絲襪泡的，其真正古老又創新傳承的製作過程，是把紅茶茶葉用棉製的白布袋裝好後，用滾水來回沖泡過濾，讓茶味均勻，其後加入淡奶與糖，讓茶入口即刻讓人感受到香滑，因為棉製白布袋濾過茶葉後，形狀顏色很相似女性所穿的絲襪，因此被顧客戲稱為絲襪奶茶，沒想到從此成為港式奶茶的俗稱。

佛要金裝，人要包裝，再加上如果真有內涵，確實有本事，就像是波霸珍珠奶茶、絲襪奶茶，而且真的好喝、有內涵、有學問，又有一個響亮包裝的名號，遂一炮而紅。

細究珍珠奶茶這種同時擁有飲料、小點心與趣味食感三種功能的飲料。我們可以發現其實是將數種不同種類的美食小點，找出最能搭配的種類作最佳整合，首先，濃腴香甜的奶茶本身就是受歡迎的茶飲，粉圓原來就是台灣傳統人氣小點心，有個別緻的名稱叫做「青蛙下蛋」，兩者組合在一起成了兼具解渴、解饞、與嚼時樂趣的全新飲食，細觀世界飲品，有哪一種飲料跟珍珠奶茶類似呢？

甚至業者還不斷加以創新，加入新的元素，例如「熊貓珍珠奶茶」，就是取黑色與白色的粉圓交雜，更形成另一種趣味的食感。

珍珠奶茶的崛起，就像一百年前，誰也沒料到，一個藥劑師能將碳酸水、砂糖及某種原料混合在三腳壺裡，讓清涼的「可口可樂」誕生；當然，誰也沒想過，一個意外地突發奇想，豆花裡的粉圓跳進紅茶化身珍珠奶茶，這屬於台灣人的想像力，竟然成就了史無前例的液態兼容固態的超級創意飲品「珍珠奶茶」的問世。

這樣的解讀並不誇大，第一次喝到珍珠奶茶的我，對它的驚豔度絕不亞於第一次親眼看到台灣第一美女林志玲。那是1988年的一個炎熱夏季。當時穿著把奔放心靈制約的高中制服、全身散發鬱悶氣質的我，在假日的西門町閒晃時，喝到珍珠奶茶的那一剎那，「制約的心靈」瞬間完全溶解在八月仍要到學校補習的大太陽裡，在我那非常機車、龜毛可期的青春歲月裡，這種交織著甜蜜與奶香的味覺體驗前所未見，當時我對珍珠奶茶的唯一評語是「哇，這是什麼東西，真好喝！」。

因此，高中時期當年的暑假回憶，除了煩人聯考（現在叫大學指考）、被當的數學、公車的女生，還多了一個記憶叫「珍珠奶茶」。當時有一杯混著奶香，盈滿嚼勁的珍珠奶茶，在圖書館就有了向上的動力，它像酒鬼手上的高粱酒，能化解被排列組合方程式搞到爆的危險心靈。

當數學老師的臉孔模糊了、教科書扔掉了、想追的女生不屑了，十多年的光陰寒暑過去了，珍珠奶茶卻仍然像一個流行名詞，應該是「專有名詞」一樣屹立不搖，它成了跟咖啡、紅茶性質一樣，屬於台灣人日

常生活不可或缺的尋常飲品，總是在漫長午后睡蟲來襲、下班悠閒回家時，想買一杯喝喝來打牙祭。那種感覺不同於品味咖啡是要創造一種附屬的時尚都會品味，它的感覺而是一種屬於台灣的、想回家、想在自家小吃攤喝杯茶好補充元氣、解解饞的滋味。

究竟這樣帶給人類心靈無限滿足一如甜點的幸福飲品是從何時溯源？講起珍珠奶茶的起源，台灣台中春水堂與台南的翰林茶坊兩家餐廳，曾經有過爭執，到底誰才是創始人？最後甚至鬧上法院，但因為沒有一家店有在最初創始的時候，去申請配方的專利或「珍珠奶茶」的商標，所以，最後法院也無法斷定誰才是創始人。

但珍珠奶茶起源最可靠的說法，一般台灣美食界都同意，這要先從泡沫紅茶說起：冷飲茶在七零年代的台灣其實並不普及，一般人對於「茶」的印象，停留在熱呼呼的中國茶、老人茶裡，不過當泡沫紅茶店開始在街頭出現時，冷飲茶就漸漸走進市場裡。因為茶飲是最能解渴的飲料，但在大熱天喝茶不是身體有幾分功夫，實在難以消暑！於是業者開始將茶飲冰涼化，創造了各式各樣的冰茶。

不過，「將茶冰喝」的歷史久遠，早在數百年前的宋代就已出現，當時依季節來品味茶，只是一直沒有普及，也許因為高級的茶得靠熱飲才能彰顯其層次分明的味道，冰飲搶去茶葉甘醇香的層次運轉，所以並不提倡這種喝法。

不過，普通等級的茶葉，尤其是台灣紅茶，即使冰飲一樣能保留其強烈的茶味，於是泡沫紅茶店帶進了口味繽紛炫目的冰涼茶飲如百香紅茶、金香奶茶、柳橙紅茶、芋香奶茶等，各品名與種類和咖啡不相上下，甚至遠遠超越。

據考證，台灣珍珠奶茶的起源，約在一九八三年左右前後，當時台灣流行手搖泡沫紅茶，據傳一位台中或台南的茶飲料工作人員突發奇想的將原本是地方小吃的粉圓（一種用地瓜粉揉成的小丸子）加進金香奶茶裡，珍珠奶茶就此誕生！

但要作出好喝的珍珠奶茶並不容易，需要用好的茶葉或至少是品質穩定的黃牌紅茶茶葉，搭配真正的鮮牛奶，而不是奶精或奶粉，加入煮的Q軟有彈性的珍珠（粉圓），三者融合而一叫成了好喝濃郁的珍珠奶茶。

其中「SHAKE」搖搖的功夫會影響茶飲口感，用攪拌的方式交織不出好喝的奶香，只有用手搖才能成就綿密的泡沫和真正的好味道，當然還有糖水的添加比例等，這就是台灣每一家飲料吧的商業機密了，這也表現出台灣社會多元化的特色，同樣是台灣的珍珠奶茶，但街頭這一家與巷尾的這一家，口味可都不一樣喔！

但遺憾的是，近年不少台灣攤家、廠商用便宜的奶精代替，老是想要降低成本COST DOWN的傳統製造業老闆心態，真是令人遺憾。台灣產業若要創新升級，只有放棄製造業想要無限制降低成本的想法，轉向如何加值、如何更好的思維，台灣的未來才有路。

我在職場多年，從電子業董事長特助、台商協會副秘書長、新聞記者、到去當大學教授，專業跨度表面很大，實質上每一次的工作經驗都滋養了我，而且幫助我在每一個工作做了最佳跨領域結合，一如上述珍珠奶茶的成功，也是結合了不同跨度領域的美食小點與製作方法。未來我在職場中年轉業，擔任過大學系主任、教務長、主秘、人事主任，以及八年專任助理教授的經驗與歷程，也將同時發揮作用。

這也印證了蘋果創辦人賈伯斯所說，「你無法預先把生命的點點滴滴串連起來，只有在未來回顧時，你才會明白那些點點滴滴是如何串

在一起的」，凡走過的，必留下痕跡，只有勇敢去嘗試，生命就會找到出路。

「不怕的人，面前才有路」，而人生中所有的機會，也通常都不是給準備好的人，而是給最勇敢去嘗試的人，即使嘗試過後是失敗，都是老天爺給的最好禮物，因為生命中所有的成功，都是奠基在一連串針對失敗的改善、經驗與體悟，再加上恆久的耐心與一點點必要的勇敢及幸運，組合而成的。

直白而言，筆者二十多年的職場生涯其實並不順遂，但卻相當精彩，有過好機運卻沒有成功，但卻不抱怨，而且屢敗屢戰，剛好象徵台灣五年級生至六年級生初段這之間，三十五到四十五歲左右，工作經驗約十多年的人，青春似乎已經離去，卻還不願意稱老，繼續以型男大叔之姿，持續參與台灣社會經濟發展與職場經驗，這似乎對於目前剛出社會的新鮮人應該多少還深具參考意義。

筆者在碩士畢業那年，寫過台灣第一本研究大陸房地產交易的碩士論文，那時正值亞洲金融風暴的尾聲，人們正從黑暗中看到復甦的希望，大陸熱逐漸加溫，兩岸到處充滿機會，因這本論文得到時任東莞台商協會會長葉宏燈的提攜，擔任他的會長特助，每年協助處理台商投資與人身安全等問題數百起，這是筆者第一次的職場經驗，也親自參與了台商企業最輝煌的年代，台灣鉅額的貿易順差、中國大陸成為世界工廠，都在那幾年。

那時任何有志氣的台灣年輕企業尖兵，最大的願望，都是可以投入製造貿易業當老闆，利用台灣的國際經驗與大陸廉價的勞工，做全世界的生意，我當然也不例外，在東莞工作近兩年，存到人生第一筆錢後，與高中同學在台灣一片大陸熱中，在上海創業了。但夢想是美好的，現實是殘酷的，第一次的創業失敗了，賠光所有的積蓄，只帶著一個行李箱就回到台灣重新開始。

回憶這段青澀的創業經驗，雖然沒有成功，但失敗幫助我更瞭解自己準備還不夠，還需要更多的歷練，而且回想起整個異地創業過程還是很過癮，而且正因為有這段大陸經驗，凡走過必留下痕跡，這段經驗幫助我回到台灣，在研究所恩師張五岳教授協助下（這又印證賈伯斯所說的話，淡江大學中國大陸研究所老師很多，過去還是研究生時，我不知道為什麼自然而就會跟張老師特別熟悉，多年後才知道，原來他是我生命中專門幫忙找工作的貴人），考上台灣國家通訊社中央社大陸中心的兩岸記者。

在做記者期間，因為長期使用文字作業，培養了一些駕馭文字的能力，所以開始思考把自己的一些經驗與想法整理成書，到現在，從大陸

經驗、職場歷練，甚至到愛情小說。

目前筆者已陸續出過十二本書，不過，書大部分都是被自己買光的，所以雖然是作家，也只能勉強算是一個不紅作家；那為何還要繼續寫那麼多書呢？因為，寫書對個人而言，有沒有人看、紅不紅，其實沒那麼重要，重要的是，藉由寫書，得到一種對人生的整理與抒發，這是人生面臨挫折很重要的心靈出路。

不過，那時近十年前我的人生職場轉變還沒結束，我從菜鳥特助、失敗台商、無名記者，又再度取得博士學位，想要轉戰到大學老師，這其實並不容易，因為近幾年台灣大專院校面臨少子化的衝擊，招生普遍發生困難，筆者又是在台灣取得的土博士，非喝洋墨水的洋博士，一般認為是很難取得大學教職的。

但凡走過必留下痕跡，過去當過記者與作家的經驗，又幫助他在取得教職的過程中，發揮了優勢，因為對在地土博士而言，除非研究非常傑出，否則只有一種教學的功能價值，是很難很順利找到教職的，但是如果有其他的專長可以幫助學校、學生未來發展，創造三贏，這樣找到教職工作的機會就比較大！

過去八年曾陸續兼任大學公關發言人、教務長、主秘兼人事主任的筆者，曾經成功運用過去擔任記者培養出來的新聞眼，發掘出學校各式各樣深具新聞性的人物與故事賣點。

例如，台灣第一位美女輪機長、首創時尚設計寵物美容系、第一位正式陸生淡水沈佳宜、首位放棄國立大學學就讀海院的北一女畢業生等新聞，幾乎平均每個月都有記者會發佈消息，成功掌握特色與社會脈動，把冷門科系炒成招生爆滿的熱門科系，強調在不景氣、悶經濟的年代，專業實力比華美學歷更重要，讓所在學校近年知名度大幅提昇，連續數年招生實質註冊率勇冠全國。

但過去終究就是過去了，世事多變化，無常才是人生最常見的真理，少子化終究是大趨勢，職場角色的轉移與掙扎，遲早都要降臨在每一個還不能退休、需要工作的台灣世代，只有「用靈活求生存、相信唯一不變的就是變」，同時絕對要「有所為，有所不為」，畢竟任何工作、職位都是一時的，自己的內涵功德修為，與經歷這些所留下的價值才是永遠。

職場潮來潮往，沒有人會記得這國家有誰當過行政院長、部長、哪家大公司有第幾任董事長、總經理是某某某？更何況只是台灣一百六十所左右，其中一所大專校院的主管，但所有一起經歷過職場的夥伴們，會記得誰帶領他們一起打過那最美好深刻的一仗，誰曾經為他們真心的努力與付出過。

直白的說，我有點遺憾，在我的職場生涯裡，大部分的時間，總是想著自己的前程比較多，而想著要為組織創新產業歷史定位、以及想為同仁爭取福利的時間太少，這樣的我，是絕對少了珍珠奶茶的「深度、氣度與高度」的。

近年商場風雲人物阿里巴巴創辦人馬雲有句名言：「今天很殘酷、明天更殘酷、後天很美好，但絕大部分人死在明天晚上，這就是殘酷的生活，今天必須很努力，才看得到明天的殘酷，明天要更努力，才有可能看到後天的太陽，但絕大部分人看不到，因為光努力還不夠，還要有運氣，運氣從哪裡來？自己好的時候，多想想別人，自己不好時，多檢查自己」。

檢視馬雲這段話，我想，自己在好的時候，想別人的部分不夠多，展望未來轉職的職場，期許自己一定要成為一個既能達到績效目標，又能因勢利導組織去扮演好產業角色，善盡社會責任創造產業史性定位，同時為同仁爭取福利的人物。

# 四、台灣牛肉麵

年輕時曾任職台灣駐大陸記者的筆者，第一次到四川重慶出差，就想要嘗試一下川味牛肉麵，但卻怎麼也找不到，後來才知道，四川根本沒有發明川味牛肉麵，到底牛肉麵起源於何地？其實已走過七十幾年寒暑歷史的川味紅燒牛肉麵，是從台灣起源的！

據飲食歷史學家逯耀東教授的著作表示，牛肉麵的源頭可能來自高雄的岡山眷村，岡山是空軍官校所在地，由於老兵很多都是四川人，因為出生大陸的老兵沒有像台灣農村老一輩有不吃牛肉的習慣，他們退伍後為了謀生開店，所以創作出加進豆瓣醬、花椒、薑、八角、用牛肉熬

成的湯所烹調成的川味牛肉麵，這種運用四川辣豆瓣醬調味、風靡全台的紅燒牛肉麵，豆香四溢、肉質Q軟有勁，帶著濃濃鄉愁滋味，由老兵創造出來的牛肉麵，最後從台灣漸漸流傳至全世界華人到達的每一個角落。

因此，標榜「川味」的牛肉麵可是道道地地的正港台灣好味，由台灣人發明開創，不像日本人的涮涮鍋是起源北平涮羊肉鍋、泡菜來自於韓國，它可是紮紮實實由台灣人發明，也許你在甘肅蘭州街頭可以看見大碗吃著蘭州牛肉拉麵的人群，但蘭州牛肉拉麵的特點是「一清、二白、三紅、四綠」（牛肉湯的清，蘿蔔片的白，辣椒油的紅，香菜的綠）但咱們的牛肉麵是紅燒的，所以依此推斷應該不是由蘭州拉麵而來，台灣川味牛肉麵的確是台灣的特產，台灣獨有的飲食幸福！

所有台灣民眾都不能想像一個沒有台灣牛肉麵的城市？是什麼樣的

光景？就像世界不再有手機、電腦不再有即時通訊軟體msn、就像士林夜市從此沒有大餅包小餅、基隆廟口不再出現百年鼎邊銼，國慶日沒有煙火、中秋節不吃柚子，這一切對生活沒有影響，但若沒有了，心頭一定總會浮現小小的遺憾。

因為，牛肉麵已經是一種台灣人飲食的癮頭，就像義大利人每天早晨必定來杯EXPRESSO（濃縮咖啡）、香港人談事情不能沒有絲襪奶茶一般。不是鮑魚，亦非魚翅的台灣牛肉麵，已經佔據我們生活的一部份，沒有它，台灣仍然有大江南北的繽紛小吃，但沒有它，下班後的晚餐時間，就是有那麼一點缺憾。一個參加歌唱比賽的創作女歌手甚至唱出假想「我不能再吃牛肉」的遺憾呢。

在台灣，牛肉麵店的家數媲美三步一家的咖啡館，它已經遍及所有的大街小巷，甚至更甚於咖啡店，即使是人煙稀少的小區小街，也有一、

兩家的牛肉麵飄出令人難忘的深邃紅燒香，讓人忍不住吃上一碗來解解饞，回味口中餘韻繞樑的豆瓣香。不只台灣人愛吃牛肉麵，外地人也熱於嘗試，設於香港赤臘角機場的美食餐館「台灣牛肉麵」店，總是引來一群遊客旅人大排長龍，只為吃一碗咬起來肉質豐腴甘美的異邦麵食。

即使在中國大陸以麵食為主的北方，號稱「世界七大名麵」主戰場之一的北京，台灣牛肉麵也一枝獨秀，在北京炸醬麵、成都擔擔麵、開封魚焙麵、武漢熱乾麵、楊州伊府麵、日本拉麵圍攻之下，台灣牛肉麵因為對華人消費者的口味、也有新鮮感，加上食材、用餐環境較佳，因此在競爭中有優勢。

台灣牛肉麵已經默默地在每個台灣人的飲食記憶裡留下印記，雖然它不曾失去熱潮，卻可以再度創造新的價值曲線，台北市政府建設局於95年首辦的「台北牛肉麵節」，邀請台北各家牛肉麵參與口味比賽活動，開啟了行銷台灣牛肉麵的構思！

台灣川味牛肉麵不是尖端科技，也非前衛產業，卻開啟了歐洲管理學院教授W.Chan Kim與Renee Mauborgne所提出的「藍海策略」（Blue Ocean Strategy），牛肉麵節的行銷手法改造了牛肉麵的市場疆界，它在傳統的美食中脫穎而出，牛肉麵不止是美食，還變身成一種文化創意產品，在百家爭鳴中的牛肉麵中，沒有誰可以壓倒任何一方，反而重新塑造了一樣美食的風光與輝煌，甚至形成產業群聚效應。

台北目前已經是全世界牛肉麵「粉絲」一定要朝聖的城市，台北也有召開牛肉麵節的活動，台北牛肉麵店主要集中在台北永康街、仁愛路、林森南路、桃源街一帶，在各大區域也多有牛肉麵店佇立。牛肉麵多是山東老鄉所經營，與牛肉麵搭配的四川泡菜、醃黃瓜，也美味的不得了。

由於桃源街的牛肉麵店聚集最為密集，所以坊間經常出現以桃源街牛肉麵為名的字號，台灣川味牛肉麵甚至擴張到海外，登陸香港、美國、日本等世界各地，它幽微深邃的湯汁、它軟嫩帶勁的肉塊、他煮得剛剛好的彈性麵條，總是吸引著人們的味蕾，連老外們也吃得津津有味，直呼比紅酒燉牛肉（歐洲名菜）還美味。

台灣牛肉麵融合了各種地域族群，也胸懷開闊的藉由群聚效應、把市場做大做強，我從來沒有看到或聽到過，哪一家牛肉麵老闆會擔心他對面開了一家店後，生意會被搶走，反而欣見有更多人加入、豐富這個形成台灣社會庶民心靈的重要產品，這亦是台灣牛肉麵會流行，成為中華七大名麵之首，跟著台灣商人、美食家流行全球的重要原因。

從牛肉麵的興起看職場，有兩個重要啟示，首先，人生遭受點打擊，其實是好事，一九四九年如果沒有從大陸撤退來台的老兵，在滿腹鄉愁與國共內戰失敗的陰影籠罩下，又如何會創造出台灣川味牛肉麵的

美味？就像蘇東坡如果沒有在少年得志後，一再遭受到貶官、流放，又怎麼會寫出許多流傳後世的詩詞，以及發明美味的東坡肉呢？

其實，人在每一個人生的階段，都會放大在那個階段所遇到問題的嚴重性，例如幼稚園時沒戴手帕、國高中錯過考試、大學失戀，出社會創業失敗，可是如果放長時間、五年、十年後回過頭來看，就會發現，當初認為嚴重到屬於世界末日級的問題，如今來看，都成為滋養生命的養分，甚至變成人生曾經精彩的證明。

蘇東坡在下獄釋出、流放貶官之際，所寫下的定風波：「莫聽穿林打葉聲，何妨吟嘯且徐行。竹杖芒鞋輕勝馬，誰怕？一蓑煙雨任平生。料峭春風吹酒醒，微冷，山頭斜照卻相迎。回首向來蕭瑟處，歸去，也無風雨也無晴」。

人生就是如此，遇到困難時，若能處之淡然，度過那段黑暗時期，人生雖說福無雙至、禍不單行，但「賽」到底之後，也一定會有「山頭斜照卻相迎」的溫暖產生，而且很多事情，過一段時間回頭看，或許多如東坡居士所言的意境，「也無風雨也無晴」，無悲亦無喜，只是生命的過程。

第二個對人生職場的啟示，從牛肉麵的產生與發跡，可看出其混和各地的人文特色，並又因地制宜做各種口味的改良與創新，可以貴族、也可以庶民的風味、胸懷寬闊領導麵族美食界、產生「強強聯合」之群聚效果，這証明職場上老闆的風格，真的可以決定團隊的成敗。

職場上約莫有兩種領導團隊風格的老闆，一種是要你「跪下去」、把人才當奴才或當家臣用的那種，自認為無所不知、有過失下屬扛、有功勞都是上司的；一種是要你「站起來」、把您當成是夥伴、讓同仁至少有犯第一次錯的機會、類似流行漫畫海賊王魯夫用願景、理念結合團隊，又用夥伴關係聯繫同事，這種帶領團隊的態度，我相信在現今新的世代，受到認同與成功的機率相對較高。

第一種老闆，在以降低成本為首要考量、從製造業起家、經濟起飛的台灣企業還真是不少，在台灣的職場遇到這樣老闆的機率是頗高的，所以正面角度思考是有其必要的，因為每一個人之所以可以當老闆，必定有足以支撐他的優勢在，不管是「關係」、「人脈」、「專業」、「勇氣」或者其他的暗黑武器，不管我們喜不喜歡，總是他成功之處或是足以支撐他事業的優點，有句話說的好，「偷雞摸狗亦是本事」。

因此，若跟到第一種老闆依然要抱持「學功夫」的心態，從中在薪水之外，學到、瞭解別人可以當老闆的優點，忍無可忍、低頭再忍，直到您覺得該學的功夫已經學到了，神功既已練成，最後考慮的，就只是如何離職的漂亮的問題了。

網路流傳一段成功人士講的話，可足供參考：「當你可以拋棄面子賺錢時，代表你已經成熟了；當你可用某件事的成功取得面子時，說明你算是個咖了；當你可以用面子賺錢時，你算是個人物了」。

所以，當跟到第一種「把人才當奴才」的老闆，勸您就「把職場當成是道場」，當成是一種職場的修練，不過，萬事總還是有個「度」的問題，也就是最底限的原則，就像上海灘電影中，華人探長兼黑社會老大黃金榮說，「他這輩子什麼都敢做，但就是不敢作漢奸」。

職場上忍耐是必要，一如麥田捕手小說中所言：「不成熟人的特徵，是可以為一個動機、某件事慷慨死去，但一個成熟人的標誌卻是，願意為一個動機、某件事情而卑微的活著」，但依然千萬不要糊塗到把靈魂都「肉身供養」給老闆，因為那不值得。

一個會要別人為工作犧牲尊嚴的主管，一旦牽涉到自身利益，將輕

易把你割捨，而且相信作者彭博士，這世界除了國家民族、爸爸媽媽、從軍報國，以及為了把妹外，沒有什麼事情值得你去犧牲自尊與健康的。

反之，如果跟到第二種老闆，那是一種福氣，因為他會正視您所有的努力，並且允許你有犯一次錯誤的權力，同時勇於扛起失敗的責任，但把成功的榮耀歸於下屬，讓你相信你有成為一個戰士、甚至大將的能量。同時，正視團隊多元化的必要，一如到西天取經的西遊記唐僧團隊，也不是每個人都是孫悟空，也需要有豬八戒、沙悟淨、白馬，才有機會取經成功的。

依照筆者多年的職場經驗，「產業、公司、老闆」，三項決定未來前途的因素中，我始終認為對年輕人最重要的，就是跟對「老闆」！

好的老闆不一定讓你上天堂，卻一定可以讓你跟著團隊一起成長；產業與公司不好，老闆有眼光、有洞見、有決策力，再加上團隊有執行力，也會有機會翻轉，社會上有太多將夕陽產業、瀕臨倒閉公司，重新再從谷底躍升，變成浴火鳳凰的例子。

一般而言，社會新鮮人在一個職位努力超過一年，可以算是一項資歷，不過，現在的產業變動太快、加以台灣部分老闆多存在傳統「製造業思維」，一心只想降低成本，而不是在人才上面大膽投資，結果不是讓員工「低薪」，就是讓公司變成食安風暴的「頂新」。

此外，值得跟隨的老闆也最容易發現每個人的長才與優點，所謂「偷雞摸狗亦是本事」，在面對現在瞬息萬變的市場，一個都是所謂聰明人、同質性太高的團隊，始終會成為組織發展的瓶頸，同時也非常容易在某些事情上遇到致命的盲點而招致失敗，一如殷鑒不遠的食安風暴、金融風暴，不就是一堆聰明人導致出來的災難。

再以西遊記為例，唐僧團隊要取經成功，其實除了孫悟空、也少不

了豬八戒、沙悟淨與白馬，孫悟空的功能在於掃除妖怪、眾所周知，豬八戒則在團隊中扮演潤滑劑，並強化團隊取經成功的信心，沙悟淨與白馬的後勤支援也相當重要，而唐僧作為領導，最重要的是堅守「核心價值」，不為一時便利走投機取巧的取經法門，讓整個取經的奮鬥有了意義。

多元化的團隊，所擁有多元化解決問題的能力，尤其是在這種變化太劇烈的年代，更是重要。一個能夠帶領多元團隊的老闆，自然也要有兼容並蓄、讓人才有舞台發揮的心胸與智慧。

跟到這種老闆，會讓他的下屬同仁，每一個都成為如三國群英爭鳴的大將，就像台灣的牛肉麵店，有「老張、老董、老吳、董家、吳家、栗家、桃源街、三毛等」各家獨創的牛肉麵，不再是沒有個性的名字，而是一個有趣的符號與圖騰，它跟Mr.donuts的甜甜圈、三峽的牛角麵包，在傳統的基礎上又走出了一條新路，一條從所未有的「品項飲食」！讓人迴盪在既傳統又創新的美好滋味中。

# 五、米粉湯及其「黑白切」配菜

米粉湯是台灣街頭市場非常常見的小吃，但越簡單的東西，要做出好滋味越不容易，米粉，顧名思義就是以米為原料做出來的條粉狀的食品，對於以吃米飯為主的台灣民眾，其以米為原料所做出來的多種多樣式的變化，讓人目不暇給，這其實也等於同時記載了台灣民眾過去為生活、充滿創意的打拼歷史，所以說，要瞭解一個地方的風土人情，最快的方式，就是去吃一下屬於在地的美食。

例如，除米粉湯是用在地盛產在來米製成以外，還有炒米粉、米苔目、米大腸等，相同的故事也發生在台灣人因早期窮困而多食地瓜，所以

將地瓜作食材所發明的「肉圓」；因為成功養殖蚵仔，而出現的蚵仔煎、蚵嗲、蚵仔捲等；台灣是海島，漁業發達而發展出的蝦捲、魚丸湯等。

而伴隨著米粉湯的，當然就是其豐富的配菜，俗稱「黑白切」，用台語念來理解，「黑白切」要表達的意思，就是老闆海派、讓客人可以小菜就吃得很豐富的意思，但係究黑白切的食材，也可以發現先民的創意與豐富，那就是將整隻豬從頭到尾巴，從豬頭皮、豬大腸、豬尾巴到豬皮、豬血，除豬毛外，完全沒有浪費一絲一毫。

所有食材充分利用做成的「黑白切」的小菜，以及豬血湯、豬血糕等，不只表現節儉惜物的美德，甚至也是一種生活創意的結晶，再加以各種鯊魚煙、小卷等美食輔佐，即是是小攤販，也吃得很澎派。筆者曾經在某處米粉湯攤販處，看到取名為「天梯」的小菜，好奇之餘點來一嚐，發現清脆爽口，細問老闆這是何物？老闆回答為豬的牙齦，先民惜

物的徹底以及命名的創意，真是讓我嘆為觀止。

米粉湯我印象中最深刻的一攤，乃是身處台北市士林區劍潭附近的「勇伯」米粉湯，這家店光是慕名讓我找尋的過程，我就知道這必然是一家饕客必定要來報到的店，因為他的店的確身處在「巷子中的巷子」，俗語說「酒香不怕巷子深」，勇伯米粉湯可以改成「米粉湯強不怕身處巷中巷」，但每到用餐時刻，附近停車位一位難求，都是附近飢腸轆轆的上班族，以及有些開著賓士、BMW名車，前來朝聖與尋找靈感的人士。

勇伯的米粉湯除了用料實在外，配菜亦佳，從骨頭肉、豬皮、大腸頭、豬舌頭到粉肝，我都會叫上一盤，只是有時候只有我一個人，卻叫滿一小方桌，旁人看我不免覺得我不是貪吃鬼，就是壓力過大靠吃發洩，其實，旁人那裡知道，這裡停車難停、我在大學擔任主管期間更難

得有機會來此深巷一吃，當然要把握機會。

不過，我也不在乎別人怎麼看我的吃相以及對我的看法，所謂「誰人背後無人說，那人背後不說人」，就像我曾親眼看到此店附近知名電子廠的白領女性上班族，不知是否是因工作壓力太大，竟然將此店特製的辣椒醬，加了幾乎三分之一進入米粉湯，此店的辣椒也有別於一半攤販用的再大賣場買的的那種辣椒醬，而是新鮮生辣椒調製而成，堪稱一絕，辣度我相信超過數十萬度到「非常辣」的程度，看著這位女士大啖那碗生辣椒米粉湯，不覺得自己嘴裡唾液也跟著辣了起來。

每次我開車循著巷子中的巷子，去吃勇伯米粉湯的時候，心中總是會意外聯想到三國劉備不遠千里、不辭辛苦、三顧茅廬尋找諸葛孔明，諸葛孔明給劉備「三分天下」策略，讓曹操佔天時、孫權佔地利、劉備獨佔人和之「隆中對」的過程，這家米粉湯亦給我在職場上有兩個重要

啟示。

首先，「花若芬芳、蝴蝶自來」，最重要的永遠是東西本身要好吃，同樣都是米粉湯，好吃與難吃，從基本功的湯頭到是否是在來米百分百製成的米粉，就是差很大，職場上也是一樣，同樣是一份工作，別人對老闆、對組織有更充分的被利用價值，當然會夠受肯定。

第二個啟示，就是要能撐的夠久，一家傳說名店的形成，永遠是要十年以上，才有辦法積累。在職場上，也是如此，除非是船要沈了，否則只要確認所在的產業與公司，甚至是所跟隨的老闆，是有希望、有前景、有潛力的，就值得留下來深耕。

從上述這兩個啟示，用台灣揚名華人世界的名模林志玲的成功因素分析，其實也與勇伯米粉湯差不了多少，首先，台灣年輕貌美的模特兒很多，為什麼幸運走紅，以及最紅的，最終是林志玲？首先，林志玲具有差異化優勢：高學歷的她，選擇一個只要美麗、身高、訓練兼備，但學歷只要高中畢業就可以投入的模特兒行業，並且不以為意，快樂投入，她在這個行業的差異化優勢就突顯出來，而且心態正確，有符合新世代達人（工匠）精神，碩士賣雞排也可以很快樂，將太的壽司、夏子的酒，高學歷也可以當模特兒，都可以出頭天。

其次，會做人，身段柔軟，不生氣但很爭氣。最後，也最關鍵，她排隊排的夠久，在林志玲爆紅之前，她從事模特兒工作已經十多年，有足夠的實力，再加上長久、或者不以為意的等待，終能讓她穿越長長的職場黑洞，遇到爆紅的關鍵時刻。

林志玲走紅的時機點，文創產業觀察家有一說認為在二零零四年四月，台灣那年總統大選後突然爆紅（此一時間點前後八個月，網路搜尋以林志玲為標題的新聞比，約為1:25），因為其走紅的宏觀條件，恰好符合當時台灣社會內外的脈動、趨勢與價值，首先，當時總統大選的爭議讓社會疲乏、不安，二十四小時新聞台不斷對民眾疲勞轟炸相同的新聞，民眾渴望清新呼吸的新聞空間。

其次，在社會趨勢與價值上，美麗其實只是一個人紅的基本條件，絕非關鍵因素，林志玲爆紅，主要體現社會的新趨勢與價值：符合「全球化」趨勢下，兼具理性與感性（西洋美術史與經濟學雙學位）、高學歷的背景，又有「本土化」的特色（傳統好女孩的孝順、柔軟、縮小自我的身段），最終天時、地利、人和，這位好女人贏來了屬於林志玲的時代。

所以，總結米粉湯與林志玲成功的共同關鍵，如果正在念這本書的年輕朋友，也正對職場感到疑惑，建議您要趁早選擇做自己有興趣的工作，因為找工作不只是為了那一份薪水、那一份職位，更應該是一種生

涯規劃，因為「你這輩子所做過的所有工作，將會構建成為你主要的人生」。

只有做自己有興趣的工作，才可能保持熱情，尤其是創業這件事，大家都看到、羨慕創業成功老闆的光鮮亮麗，卻沒有看到更多失敗者的哀嚎。

其實一件事情的成功與失敗，有時真的不是人為可以控制的，畢竟出社會後每個人都很努力，但很遺憾「運氣」就是不一樣，創業唯一可以控制並絕對「操之在我」的，就是那是為了「解決一個問題」或「實踐一個夢」，而做的事情，並不是為了創業而創業。

為了解決一項問題而創業，這樣即使以後失敗，也不會後悔，因為人生許多事情，重點是「努力的過程」以及「為什麼努力」的意義，江山與皇帝永遠只有一個，但每個人都可以立志打天下取江山，雖然不是每一個人最後都能稱王拜將，可是只要曾經為了一項「意義」而努力過的，就會深植人心。

中國歷史上有許多的農民起義，從大家熟知的明朝闖王李自成到太平天國洪秀全，雖然當權者主控主導的「正史」，未必可以給他們公平的歷史評價，但他們吶喊過的身影，卻能常留人心，所以寫歷史最有名的漢朝司馬遷，所撰述的「史記」，即使是在漢武帝的白色恐怖之下，依然將與他祖宗爭天下失敗的西楚霸王項羽，列入只有帝王才可以列入的史記「本紀」篇章。

近代又如中華民國創建者孫中山，他的「帶賽」是有名的，跟他一起混、一起搞革命、捐錢捐血捐命的伙伴朋友，被清政府抓的抓、殺的殺，好不容易革命成功，卻很少有機會享受到一天穩定富貴的日子，終其一生，都沒有看到革命成功，但是他的理念卻如青天白日照耀人心。

所以，作自己喜歡、值得做的事，並不一定能夠保證成功，卻能夠保證我們的人生不會遺憾！

若一旦幸運找到自己願意投入的事業，並把它當成自己一種生涯志業，這時所剩下努力的方向，就是要把這份事情做好、建立自己職場的差異化優勢，優化個人條件，要要忘了職場既要會做事，也要學做人，畢竟有人氣，就會有運氣、有人緣，才會有飯緣，世事洞明皆學問、處事練達即文章，掌握趨勢（資訊）、學會「等待」，順勢而為：機會還沒到，那就先做準備。

生活簡單、排隊排的夠久，淡然處理成功來臨之前的「職場黑洞或撞牆期」，亦如宋朝蘇軾所寫的詞「定風波」中所提，「萬里歸來年愈少，微笑，笑時猶帶嶺梅香，試問嶺南應不好，卻道，此心安處是吾鄉」，人在職場江湖，心安是最重要的。

同時，亦要時時提醒自己建立、珍惜人生「可扶持的人際關係」、要常常為自己找點快樂，這樣即使有一天，或者說大部分人都會面臨到失去某些職位、權力、利益、感受到被世界遺忘的時候，也不會感到後悔，同時更有利於盤點自己面對未來的支持與重整心情。

# 六、手沖咖啡與個性咖啡店

開家咖啡店，是台灣很多年輕人想創業或中年轉業的大叔，心中浮現的第一個選項，據不完全統計，台灣約有一萬兩千家咖啡館，這同時也代表了一萬兩千個夢想，雖然有些夢想成真、有夢想幻滅，但如果因為怕失敗就不願意去嘗試、選擇一個平穩但沒有夢想的人生，我想這應該是人生中比經歷失敗這件事更悲慘的事。

對於一個今年四十三歲的大叔而言，生命中會開始經歷一些朋友或因病或因意外離開人世，若有幸還可以在他們生前與其聊聊，幾乎沒有人會在意自己失敗多少次，而是遺憾為什麼有些事情當初不去做做看？

人生就像一個旅程，試想你到了巴黎卻沒去凱旋門、到了埃及卻不去看金字塔？那有多可惜啊！

也因為這樣，這幾年在自己的能力範圍內、支持一下有關夢想這件事，變成了我一個很棒的生活小確幸，在街頭巷尾，只要是那種看起來是獨立個性的咖啡店，我一定進去捧個場，尤其要點單品手沖咖啡，這竟然也意外對我產生了療癒效果。

我想，世界上沒有一座島嶼，像台灣擁有那麼多家的咖啡館，而且每一家咖啡館，都曾代表著每一個台灣年輕人的夢想。台灣咖啡館的頻繁密集度讓咖啡館就像許多都會人士的第二個家，我們在咖啡館敘舊、聊天、洽公、看書、寫詩、休息……根據「台灣咖啡協會」的資料顯示，自一九九八年起咖啡豆的進口量年成長率皆超越100%，由此可推衍出咖啡館密度之高，台灣咖啡協會保守估計：台灣大大小小咖啡店總

數超過一萬兩千多家以上，也許僅次於便利超商的密集度喔。

很多來到台灣觀光的遊客，尤其是香港、大陸民眾，都非常羨慕台灣林立於街頭、隱身於巷尾的個性咖啡館，我們鼎盛的咖啡文化，滿盈著整個城市，即使我們依然忙碌，仍然能再隔離喧囂吵雜的咖啡館裡，得到一襲難得的寧靜。它已經成為台灣都會的特殊風景，有人還將「逛咖啡店」當成旅遊台灣的一種方式呢！

其實，台灣咖啡由來已久，大只可分成三個時期：首先，早期的台灣咖啡停留在栽種，並沒有衍生出咖啡館，約一八八四年（光緒十年）英國商人引進咖啡豆在現在的台北三峽地區嘗試栽培，不過當時並無計畫性地大量栽培，一直至要到日治時代，才開始大規模的種植。

當時，日本人看中台灣氣候炎熱濕潤、排水系統又好，很適合咖啡樹生長，於是從南美巴西引進了阿拉比卡豆（咖啡豆可粗分成阿拉比卡

及羅布司塔兩大品種），在台灣北部試種，想不到試種一舉成功，日本人便在台東知本、瑞穗及雲南古坑一帶進行大規模商業栽焙，當時產量豐厚，品質也極優，「咖啡豆、紅茶與蔗糖」便成了日治時代台灣三大主要出口農產品。

但一直要到台灣光復後，台灣才有咖啡館的誕生，當時咖啡館是一種文藝沙龍、一種約會洽公地點，屬於奢華高級或文人雅士的聚集場所。台灣光復後，土地經營權從日本人回流至農民手中，務實農民改種稻米、茶葉及檳榔，咖啡栽焙逐漸沒落，不過因嗜喝咖啡之士還大有人在，熱鬧的台北開始有了咖啡館。

據說當時的咖啡館稱作「冰果室」，是淑男淑女、死黨好友約會談天的前衛地點，一九四九年開業的武昌街明星咖啡館即曾經風靡一時，不僅是國內文壇大家著名的群聚地點，聽說也催生了不少經典的台灣文

學，而佇立西門町毅力不搖的蜂大、南美咖啡也都是在此時期興盛繁榮的，當時有名的咖啡館都聚集在西門町一帶。

當時不少細膩優雅、意義深遠的台灣經典文學、詩作甚或音樂，都是從煙霧瀰漫、人聲吵雜的咖啡館中湧生，這些從四、五十年前，屹立在西區的古老咖啡館，是當時許多藝文人士、新思想青年、黨外人士（台灣國民黨以外之政治人士的泛稱）逗留、休憩、尋思靈感的地方，他們不是啜飲著一杯黑黝黝的咖啡，埋頭寫作，就是兩三人群聚清談，台灣的文化地圖因為這些咖啡的氤氳芬芳，而有著獨一無二、不同於世界，屬於這塊土地的藝文風景。

隨著歲月更迭，台灣咖啡館的生態也日漸轉變，七零年代，日本型態的上島、蜜蜂咖啡館開始登陸，喝咖啡的人更為普遍，這個時期的咖啡館普遍分佈在台灣縣市的市中心區一帶，例如，當時的台北市中

山區。

目前台灣流行的現代咖啡館，除了美式連鎖咖啡館當道外，其實最受矚目的是裝潢獨特有個性的獨立咖啡館，它們是人們滿足心靈追求美好風景的重要場所、也是國外觀光客喜愛流連的地方，他們象徵台灣年輕創業者無窮無盡的創意與設計力，例如，黑潮雅客咖啡、湛盧咖啡、鍋爐咖啡，喝單品手沖咖啡，不僅器具形式講究，也有如茶館的聞香杯，形成一種喝咖啡的深度美學。

我本來不是很喜歡喝黑咖啡，年輕時喝總要加牛奶或糖，但隨著年歲漸長，慢慢體驗、愛上黑咖啡的味道，尤其接觸到手沖咖啡後，驚艷於其不同於連鎖店的滋味，苦、酸與果香各種味道與層次，在口腔展現不同的變化與口感，同時一杯好喝的手沖咖啡，更是餘韻綿長。

再加上個性手沖咖啡店獨有的風格設計，因為台灣咖啡文化已將裝

瀆品味或展現個性列為重點，走向另一種著重設計品味的境界，儘管外來連鎖咖啡店不斷林立，台灣還是有許多的咖啡夢想家不曾妥協，他們都在構思心中的夢想咖啡館，一起編織屬於台灣的咖啡島嶼。也許沒有大筆金錢商業援助，但他們的手工咖啡，在一片機械咖啡中因為細煮慢熬脫穎而出，煮出自己的一片天空。

以正面的角度來思片考，台灣的咖啡文化也許因為這樣，所以能展現清晰的特質，就像有名柏金包，產量不多，得細心等待、耐心盼望，才能孵出佳績，台灣的單品手沖咖啡亦然，當有人在質疑台灣有沒有所謂的文化精品時，讓大家告訴大家，在街頭巷尾，找一家獨立個性化的咖啡館，進去點一杯單品手沖咖啡，看著老闆的用心手沖、細細品味，我們有理由相信台灣這些夢想咖啡，就是精品中的精品！

這些精品咖啡，甚至有些價格一杯達到三到五百元台幣，我剛喝黑

咖啡時，並不認識它的價值，後來才知道，好咖啡喝了不會上火，還會回甘、餘韻綿長，適度適量咖啡因讓我們清醒卻又不會睡不著，一如值得交的好朋友不該錯過。

人到中年，職場江湖萬事「忙」，這個「忙」字，也可以代換成「茫」或「盲」，許多等待處理的瑣事、會議、短期問題、短期利益，有時讓人看不到組織真正的核心利益，甚至看不到人生中其他更重要的事情，諸如尊嚴、道義、家庭、信仰等；又或者面臨重要困難的決定時，這時候，更需要好好沈澱心情，一如電影ＭＩＢ中，星際警察遇到暫時無法解決的難題時，就會去「吃個派」，我也習慣自己找家獨立個性咖啡館坐坐。

看勇敢築夢的年輕老闆親自幫我手沖咖啡，雖然面對問題，不一定因此會有更好的答案出現，但至少隨著手沖咖啡在口腔醞釀味道與層

次，再從食道進入身體的溫暖，似乎已經帶給我們面對問題的新勇氣。

有不少宗教界「上師」都曾經提過，人到這世界上，都有一個最終的使命，我們在人生旅途中，都是為了要找到這項使命而不斷的嘗試，當有些人很幸運找到自己的使命後，就應該要義無反顧的去實踐這項使命，這種過程有點像神話學大師坎伯認為所有英雄故事都有相同的「英雄旅程」架構，只是角色人物與故事血肉有所不同。

在真實世界中，每個人也都在尋找存在的意義，佛經教義上說，「人身難得」，可以做一個人，本身就是一種價值，人的生命有限，但處在當下，尤其是年輕時，又覺得有無數時間可以揮霍，突然一眨眼，才發現自己人生已經走過了一半，就像現在正在寫這篇文章的我，作家九把刀有句話說得很讓人羨慕、甚至到嫉妒，就是他這輩子買過最貴的東西，叫做夢想。

所以啊，正在看這本書的朋友們，如果您還不知道自己的人生想做什麼的時候，就努力去嘗試各種事吧！如果知道自己想做了什麼事，就像是知道自己喜歡什麼樣的女朋友或男朋友時，就更應該勇敢去追求，不要被世俗的眼光或包袱所限制。

這世界，沒有任何東西可以限制我們去作我們想做的事，只有我們自己可以限制我自己，台灣其實是個勇敢的島嶼，這裡有最多願意勇敢去追夢的人，所以從台灣頭到台灣尾、從東北角海岸到墾丁鵝鑾鼻，這裡有一萬家以上的咖啡館，雖然不一定每家、每個人都會成功，但至少他們都曾經勇敢過，這樣的人生才沒有白活。

台灣這個社會，其實真的應該多給勇敢走出舒適圈的創業者鼓勵，過去台灣經濟的奇蹟，就是眾多無所畏懼的台灣先輩，帶著一只皮箱、操著不流利、甚至根本不會說英文的勇氣，去將台灣出口市場闖蕩出來

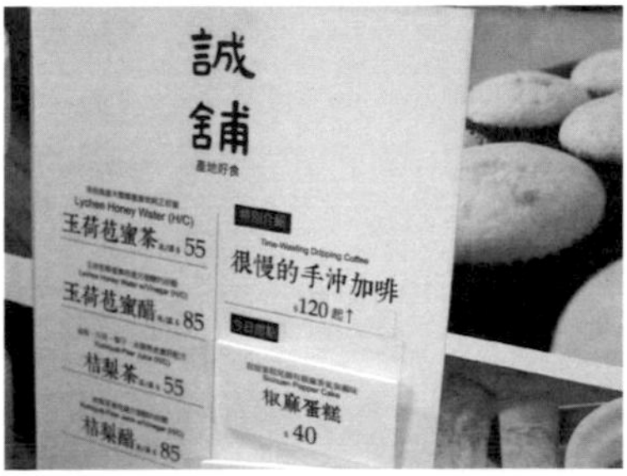

的，如今雖然物換星移，但舉目台灣經濟的未來，不管是振興出口恢復過去的榮景，或效法丹麥、荷蘭、比利時、芬蘭走出一條小國也可以強大的道路，讓民眾的口袋可以充足擴大內需，不管是哪一條路，台灣民眾勇敢的創業精神應該要持續下去。

# 七、蚵仔煎與夜市小吃

每次吃蚵仔煎時，總會想到這份台灣美食在大陸爆紅的過程，引爆點就是一部流行偶像劇「轉角遇到愛」，主角就是蚵仔煎的廚師，影迷藉由對主角的喜歡，而關注到蚵仔煎，影視文化成功包裝了戲劇，也帶動了周邊商品的商機，也讓蚵仔煎最常所在地「台灣夜市小吃」，一舉更是刷新擴大了癡迷饕客的版圖。

不過，偶像劇包裝只是引爆點，台灣夜市小吃本身的創意，永遠令人目不暇己，連中國大陸推出的新滿漢全席，都爭著要把「蚵仔煎」列為台灣的代表性料理。許多外國、大陸內地觀光客或台灣旅外遊子懷念

起故鄉台灣時，最先想念的，竟然不是擁有滿山遍野櫻花的阿里山，也非璀璨如珠的日月潭，而是那遍佈在人聲鼎沸的台南花園夜市、隱身於街頭巷尾、老神在在佇立於廟口、各地夜市的台灣小吃。

台灣小吃其實反映著台灣社會的「集體移民性格」，台灣人的生命力，也完全彰顯在夜市那繽紛熱絡的小吃上！福爾摩沙是一個以移民為大宗的社會，來自大陸各地的移民們，將家鄉菜的精華帶進這塊滿山綠意的土地裡，成就了數也數不清的美味台灣小吃。

根深蒂固的外來移民性格，也讓我們擁有樂於接受外來文化、充分吸受豐富資訊的心胸，台灣小吃不但具有傳統口味，例如那傳統的滷肉飯、蚵仔煎、大腸麵線、甜不辣、肉羹麵、米粉湯、臭豆腐、肉圓，還隨時有新的產品出現。

例如充滿創意的蔥抓餅、青蛙蛋奶、香雞排、水煮滷味、草莓酒香

腸等，還有不知在某年某月的某一天，靈光乍現的某一位台灣街頭小吃美學家，就讓「鴉片粉圓」突然竄紅了、某年春天來自日本的章魚燒也「歸化成」具有台灣風味的飲食、不知是何時臭豆腐竟然衍化成串燒式吃法、一夕之間連和洋口味的焗烤馬鈴薯、煎餃等美食，也從台中逢甲夜市飄進、繁殖到台灣各地的夜市裡。

當然，台灣小吃能夠發展的如此豐富繁盛，除了跟台灣社會機靈、有創意的集體性格有關外，其實「移民歷史」也佔了一個龐大的因素。

台灣以福州（閩）人佔最大宗，所以福州菜成了許多台灣小吃的基底，先民將家鄉的烹調技術，結合台灣當地特有食材，發展出各類的本土飲食：比方典籍說「閩南多湯羹……」，所以台灣小吃就出現了魷魚羹、蝦仁羹、豆簽羹、鰻魚羹、花枝羹等羹湯類飲食，其他像擔仔麵、割包、鼎邊銼也是福州口味的延伸。

另一方面，一九四九年遷移到台灣的大陸其他省分人口，也帶來了大量的創意元素給台灣夜市小吃。我們可以看見，在士林夜市排成人龍、被日本妹讚不絕口的生煎包是淵源於上海菜、口味濃腴的意麵是啟發於廣州的Idea。

日本文化、原住民文化、西洋文化也融進台灣小吃裡：夜市裡的炸得外酥內軟的甜不辣、醬香滿盈的筒仔米糕、土耳其的夾著碎肉的沙其馬……它們都演變成台灣小吃的大範疇裡。那麼如果說ＬＶ是時尚界的品味象徵，那麼台灣小吃就是世界級的平民飲食名牌！

台灣小吃已經成為世界各國遊客來台灣必定尋訪的東西，許多香港明星來台必帶鴨舌頭、日本一些偶像團體念念不忘珍珠奶茶、一個義大利人直率的認為滷肉飯是人間美味。

比利時專業旅遊雜誌雙週刊「戶外旅遊（Travel Magazine）」，就曾經

以「台灣：與美食浪漫解逅之地」為題，介紹台灣美食，這篇文章表示，融合日本與中華美食特色的台灣菜包羅萬象，主要是中國的地方菜在這裡紮根成長的結果，由「呷飯皇帝大」這句臺灣俚語，就可知道台灣人對吃的認真態度，而這也正是外國人選擇台灣作為旅遊地點的最佳理由。

所以，當我覺得缺乏創意時，就找時間去夜市走走，那裡豐富的小吃美食、庶民文化，將會帶給長久處於單調或封閉或太過聚焦的工作職場的我們，新的刺激與想法。

而且，台灣小吃永遠不會就停留在滷味飯、夜市牛排、粉圓豆花、碗粿、藥燉排骨這些數百種的口味，台灣小吃永遠在不斷地融合與創新，因為它不斷的再誕生，所以，它永遠讓人在驚豔，早在西元一千六百年漢人從台南登陸時，就一直不斷地變出新把戲，如泉水般源源不絕的創意，歷經幾世紀仍然奔流下去。

台灣人繼續以創意創造各種美食，淡水河邊出現的飛魚卵香腸、東海夜市驚見的巧克力瀑布、士林夜市印度人在甩著肉汁滿盈的大餅、台南西門大菜市的創意冰品，台灣小吃本身就是個創意大本營、或說是個虛擬的超級智囊團，它是一個不經意由歷史文化、先民智慧形成的品牌，只要冠上它的名字，就註定揚名國際，也許不用等到明天，又有一個新的台灣小吃再度融合各地文化而誕生。

一如蚵仔煎與台灣夜市小吃在大陸與國際竄紅的過程，職場中的發展也是天時、地利、人和各項因素與努力都完備，最後由某個引爆點爆發而已。首先，台灣小吃選擇的戰場（競爭市場），既非高級的料理與餐廳，也不需要高檔的食材，這樣的戰場選擇，就決定了原本就充滿創造力的它，在擁有天時（台灣開放陸客自由行）、地利（其他地方沒有的夜市文化）、人和（好吃與親民價格）。

尤其，競爭力本身就是所有參與經爭對象在競爭中各自顯示的能力對比、是一種相對指標，一如在沒有老虎的日本森林，山豬就可以當大王了。台灣小吃有智慧選擇「戰場」，增加了贏的勝率，我們在職場中，也應該如此為自己適當的選擇奮鬥的戰場。

在不對的戰場奮戰，縱然英雄蓋世，最終亦是悲劇收場，就像是老虎與猴子比賽爬樹，必然是悲劇，又有如烏龜與兔子比賽，若烏龜可以選擇在水中比賽，就不必把自己的勝利建築在兔子會睡懶覺的機率上。「要拼才會贏已經落伍，會贏再來拼，才是新思維」。

目前有部分「長輩」級人物，總是以「小確幸」來臆測台灣年輕人的沒有志氣、以「金錢至上」衡量中國大陸新一代不需要民主，其實這恐怕都會跟真實狀況失焦，其實兩岸年輕人在不同的作法下，卻有相同的策略心態，那就是「會贏再來拼」。

以台灣的現狀而言，社會資源分配的確對年輕人並不公平，相對於台灣三、四、五年級生，處在資源尚未完全分配的狀況下，人人有機會、人人有夢想，在不同衝撞舊體制下，人口與經濟都處在增長階段，不是每個人都要當公務員，未來才會有保障，才不用煩惱老年退休問題，未來可以真的不是夢。

但對現在台灣的年輕人而言，他們面臨的年代，是一個考公務員比考上大學第一志願錄取率還低的年代，是一個出社會起薪只有22k的低薪年代，是一個不吃不喝三十年也買不起房子的時代，也是一個不加班不爆肝就被認為不夠努力、草莓族的時代。

更慘的是，在八年級後年輕人所面臨的世代，是台灣所有資源分配的權力，都是老人家說了算，台灣政黨輪替、民選總統雖然從西元2000年開始變天，但似乎夠資格出來選總統的人，永遠都是那幾個太陽、月

亮，好像除了他們可以救台灣外，其他人都不夠格，對比「世代交替正義」的浪潮正席捲世界，例如歐洲出現英國首相四十三歲、義大利總理39歲、奧地利外交部長28歲，而台灣卻看不到沒有背景的年輕人，有在政界出頭的機會。

還好欣見有太陽花學運，只花三天竟然可以號召五十萬人上街，展現非暴力、理性訴求，然後五十萬人和平退場落幕，這真是全世界少見的民主典範，台灣社會從過去的紅衫軍、到近年的洪仲丘案、黑衫軍，「民主遊行」既是台灣進步活力的社會創新，也是行政、立法、司法外，最重要的第四權--公民監督權的行使，更是我們認為台灣明天會更好的理由！

雖然這項運動在台灣社會評價正反兩極，但這批平均不到二十五歲的台灣年輕人，勇敢出來為國家的未來發聲，有關台灣未來的話語權，

不該總是在那些老面孔的身上。

只是在上述各種對年輕人未盡公平的社會背景因素之下，身為「經濟奇蹟的後代」，台灣年輕人當然更願意擁抱真實、靠譜的「小而確定能夠得到的幸福」（小確幸），即使只是一個午後豔陽天的冰爽歐雷咖啡，也都要比當製造業思維血汗老闆下的22k爆肝者要好多了。

另一方面，對於中國大陸這一代八零後的年輕人，臆測他們基本上「金錢至上」，不需要民主自由只要有錢的想法，曾擔任過七年兩岸記者的筆者，也認為有待商榷，如同前述所言「會贏再來拼」，從六四天安門民運之後，做為正處在大陸經濟奇蹟發生的一代人而言，很多菁英對台灣民主發展進程、全球國際觀與民主價值都相當清楚。

只是現階段，大陸年輕人瞭解「會贏再來拼」的真諦，目前大陸是經濟奇蹟正在發生的年代，所以現在追求金錢與增強中產實力，才是日

後有「發言權」的基礎。就像是台灣夜市，只有集結更多樣、更多元、更好吃、更具備創意的各種獨立品項產品的攤商，才會有更多的集客力、影響力與知名度，也才能創造更多的人流與金流，只有大陸民眾普遍都奔向小康後，民眾發言權才會越來越大。

# 八、台灣不敗茶品之烏龍茶及紅茶

烏龍茶與紅茶，堪稱是台灣的不敗茶品，前者，不只老人長輩最愛，也有越來越多的年輕人，從冷泡茶開始，認識了這個台灣名茶；後者，台灣紅茶不必說，也是台灣民眾從北到南、從小朋友到大朋友都有的共同記憶、人生滋味，真心、用心煮的紅茶，甚至可以靠這一味，就能養家活口，一賣數十年。

人在職場，偶而抓狂難免，這時需要靜一下沉澱思緒，如果沒有機緣到獨立品牌的咖啡館，而只能到街頭巷尾都有的連鎖咖啡店星巴克，我也會選擇一杯台灣烏龍茶，而且是有個很棒名字「東方美人」的烏龍茶，坐在人來人往的街頭，細細啜飲，體會這杯因有小綠蟬叮咬的茶葉，卻意外因「不完美而成就另外一種完美」的東方美人烏龍茶。

人生許多沒想到的事，其實總在不經意的角落緩緩發生，且大部份都在計畫之外，但幾年後回想，過去總在每階段發生而且放大的問題，如今看來不只不算是問題，甚至還讓人生便精彩。人生這種東西，不必祈求一帆風順，因為不可能，但可求凡事盡其在我、不失本色，無入而不自得啊。

「佛要金裝，人要包裝」，同樣是烏龍茶的茶種，隨著製程、區域產的不同，名字從有稱為「椪風茶」、「包種茶」、「白毫烏龍」、「番庄烏龍」各種五花八門的名稱，約莫不下十種，但其中最引人入勝，尤其還吸引習慣喝咖啡的年輕族群在星巴克咖啡館，會好奇點來嚐鮮的，就是命名為「東方美人」的烏龍茶。

東方美人茶台灣最早產於新竹縣峨眉鄉，其名號究竟是誰取的，已經不可考，據傳或許「峨眉」本身就是給人美女的意象，再加上穿鑿附會一百多年前英國維多利亞女王喝了台灣烏龍茶後，驚艷其韻味綿長，所以稱之為「東方美人茶」，但無論如何，對於厭倦連鎖咖啡店、加以下午喝咖啡，晚上就可能會睡不好的大叔而言，若是到星巴克談事情，我最常點的，就是東方美人茶。

至於說，它因不完美，而成就另外一種完美，指的是最高級的東方美人有機烏龍茶，乃是因為過去沒有使用農藥，而遭到一種「小綠蟬」的襲擊，被其侵襲的茶園，產量會相對部分減少，但也是因為此種綠蟬很小，牠只是把鋸齒狀的觸鬚扎進茶葉嫩葉以吸收其養分，留下分泌物產生酵素，阻礙嫩葉生長而變成金黃色，這就造成茶葉中的茶多酚與茶單寧增加，使茶葉製程後韻味更醇香綿長，同時有獨特的蜂蜜香氣，我

在想，若英國女王真的有命名「東方美人茶」，也是真的因為喝到這種頂級的烏龍茶吧！

　　在職場上，有些帶給你氣受的人、事、物，你可以背後詛咒、痛罵，也可以把這些不快都當成是「逆行菩薩」、人生的小綠蟬，因為牠的叮咬，才能成就人生的東方美人。不過，說總是容易，真正要做何其難，即使修行學問都很棒的蘇東坡，也不免被好友佛印挖苦，既然號稱「八風吹不動」，何以「一屁就能彈過江」？

　　人生亦不過是如此，總要有一些波折、嘗試、錯誤，還有更多無人知道的寂寞，才能成就一些美好與繁華，上帝不會讓人生過得一帆風順，但祂可以在艱困中始終與信仰祂的人們同在。這世界有光就有影，既要能享受晴天，也要能欣賞雨天，筆者在人到中年的四十歲，與茶為伴的時間，曾寫過一首詩，「俯仰淡然寂寞事、靜氣冷看天下局；成住

壞空無常在，此心安處是吾鄉」，或可聊慰中年已千瘡百孔的心靈。

其實，我喝咖啡比喝茶的歷史要久，畢竟，過去刻板印象，泡茶是老人家才會做的事情，等稍有年紀，才知道喝茶確實對人身體比較好，曾經看過一則專題報導，香港是僅次於日本在亞洲第二長壽的地區，我當時看到心想，香港工作壓力大、活動居住空間又小，港式餐點多油膩，怎麼居民反而長壽？

後來身究其原因，直覺應該是「飲茶」，因為港式餐館餐點，無論如何總會要沏一壺茶來喝，而茶既可刮油，當中又含有抗癌、抗衰老的元素，已是眾所周知，香港人餐飲中又普遍離不開茶，同時，醫療條件也還不錯，當然得享長壽。

所以，四十歲後，我除了喝黑咖啡外，也開始喝茶，尤其是下午時間，因為喝太多咖啡，晚上的確真的會睡不著，其實有些懷念年輕歲月

不管喝多少杯咖啡，倒頭就可以大睡的歲月，既然開始喝茶，就不可能只喝一種茶種，一如咖啡有曼特寧、耶加雪弗等，近日我喜歡來喝一杯「雪鹽日月紅茶」。

日月紅茶就是台灣在日治時期，引進印度阿薩姆茶，種植於南投魚池鄉，一舉成功後，變成台灣的頂級茶品，這品種的茶葉，我第一次認識它的經驗很特別，主要緣於一次聚會，有朋友心臟不舒服，當場有保健養生專家建議，趕快喝日月紅茶，因其為阿薩姆茶可緩解不適的狀況，友人一試果真奏效，其後我就開始嘗試喝此種紅茶；紅茶屬於完全發酵茶，日月紅茶中又以日月老茶廠的紅玉紅茶（臺茶十八號）為最佳。

不過，在日月紅茶的基礎下，台灣飲茶文化是不斷在進行創新的，近年市面上又出現一種「雪鹽日月紅茶」，其概念似乎又是承繼由兩個到澳洲遊學的小女生，回台灣創業，將成奶泡狀的奶酪放置在紅茶之

上，既形成漂亮的上白下紅的視覺效果，更增添了口味的層次感，而雪鹽日月紅茶則又在這種概念下，加上鹽的味道，將奶泡雪鹽放置於紅茶之上，有點類似PUB吧台酒保調的伏特加杯沿上抹鹽的風格。

雪鹽日月紅茶名字出現在近幾年，她的命名顯示了在優良傳統基礎上的創新，整體視覺觀感上，雪白加鹽乳酪口味的奶泡覆蓋在黑紅色的紅茶之上，有如富士山的圖案感，又剛好可以展現味覺的層次感，無怪乎，每次到個性咖啡店必點咖啡的我，第一次在MENU上看到這個名字，立刻覺得要給它一個機會試試喝看看。

好玩的是，喝它的過程，不宜用吸管，亦不宜用湯匙攪拌成奶茶狀，只適合就口的喝，讓紅茶通過雪鹽奶泡，方能感受到整體味覺的層次感，看著妙齡少女在喝這種飲料時，在上嘴唇人中部位留下一圈白色奶泡，煞是有趣。有些食物，真的只有用特定的吃法才會好吃，就像人

生有些事，如果不是在最適合的時候去做，即使沒有索然無味，也是趣味減半。

美食如人生，若次次品嚐都能彷彿初見，次次都體會到那天時、地利、人和偶然碰撞在一起的感動時刻，那一定非常美好。就像是香港巨富李嘉誠曾與他的孫子們分享，「你們吃的蘋果，一定沒有我小時候吃的好吃，因為窮困時能夠吃到的蘋果，滋味才是令人難忘」。

可惜的是，美好的人事物，一如好吃的東西若常常能吃到，邊際效益總是會遞減，既然無法改變這個事實，那如果可以常常讓自己的心態換新、看事情的角度改變，或許，我們就有機會可以讓人生變得更快樂。

其實，人生比想像中簡單，也更複雜，常聽成功人士說：「作自己喜歡做的事，堅持下去，就會看到希望」，這是一句很簡單的話，但實

際要去選擇，需要很大的勇氣，尤其是面對可能沒有更好收入與前景未知的時候。

所以，有時候人生受點打擊，讓自己沒有退路，或許是一件好事，因為「上帝要給一個人成功時，不會直接給他成功，而是會給他「機會」讓他取得成功」，我們若能在失望、挫敗中看到上帝給我們的機會，帶給自己義無反顧的勇氣，這樣的人生，不也很精彩？

# 九、溫州大餛飩之周杰倫套餐

「東北有三寶，人蔘、貂皮、烏拉草」；「台灣也有三寶，健保、勞保、199吃到飽」；「淡水亦有三寶，碼頭、夕陽、周杰倫」。

淡水一年所吸收的遊客約有數百萬人次，其中很大部分都是衝著淡水三寶慕名而來的，首先就是淡水漁人碼頭，其所構建的風情，從小朋友、女朋友、老朋友，都適合來逛一逛，走走情人橋；其次，淡水夕陽美景，已經是到淡水必看的老項目，不必贅言。

而近年台灣年輕人、國外、大陸背包客興起來淡水的理由，從台灣本地年輕人、日本粉絲到陸客，很多是因為周杰倫，他曾經以淡水為背

景，拍了一部電影「不能說的秘密」，成功行銷了淡水，大家都不會錯過淡江中學到真理大學教堂那些街景，連帶淡水的商家，有部分也受惠到周杰倫的偶像明星光環。

淡水老街鄰近馬偕雕像與教堂，有一家溫州大餛飩的老店，初次光臨，就被店招牌上標誌的周杰倫套餐所吸引，立馬叫一份來吃吃看，餐點內容就是溫州大餛飩加上烤雞腿。

但真實的溫州，其實沒有大餛飩這樣小吃，那應該約莫是有位籍貫來自於溫州、一九四九年那批移居台灣的民眾，思鄉加上創意的味道，一如川味牛肉麵是一個美麗的偶然，有一家認真又大顆的餛飩好吃，名字叫做溫州大餛飩，大家就認為溫州餛飩最好吃，但其實來自於哪裡不重要，最重要的是好吃！據傳周杰倫念淡江中學時期，以及爆紅之後，都回來吃過，而且每次必點清爽的餛飩湯與考雞腿，店家遂將此兩種美

食列為菜單，命名「周杰倫套餐」。

我出過十二本書，從來沒有紅過，但我從來沒有放棄過寫書這件事，也感恩我出版界最重要的伙伴宋大哥，更從來沒有放棄過我，期待有一天若我能稍具知名度，也能有一兩樣美食以我為名，那真是比在校園立銅像還值得開心。

擔任大學專任老師擔任導師期間，有位家長憂心忡忡帶著小孩同學來找我，說明其小孩為了唱歌的夢想，想要休學，因為他小孩參加了一個電視選秀節目入圍十五強，有經紀公司要栽培他簽約，這位家長擋不住小孩的堅持，只好來問導師意見。我看了這位歌聲真得很好聽的同學，未置可否，只跟他父母講一句話，「如果可以當周杰倫，我也不想當大學教授」？他媽媽當場無言。

人生的選擇很重要，甚至可以說比努力還重要，有些人活著只是為

了社會的「普遍認知」或「庸見」，美國喜劇泰斗金凱瑞在一次面對大學演講時曾經提到，他的父親曾經有機會成為一個喜劇演員，但是因為他父親不相信自己可以做到成名，所以選擇了一個大家認為會比較「穩定」的會計工作，但數年過後，他父親卻被曾經相信的這份「穩定」給資遣了，金凱瑞想要表達的是，即使跟隨社會的主流價值，都可能失敗了，那何不勇敢選擇自己喜歡做的事情？那樣的人生雖然不能保證成功，但至少可以無悔。

我在大學任教期間，也曾經親自帶過班導師，而且是四年同一班，那是一段想起來很長，過起來卻很快的日子，轉眼同學就畢業了，身為同學四年的導師，其實很慚愧，因為真正當導師這四年想跟同學分享的，永遠比實際真的給同學的，多的太多，同時，坦白講，我關注自己前途的發展，也比關懷同學的心更加積極，其實，我不是一個好老師，

但我還是很想把這樣的理念分享給他們。所以，就在同學畢業典禮的前夕，我以導師的身份，寫了一封信鼓勵所有同學，如下：

「雖然我們同學不是台大畢業的，而且不喜歡上課、成績也不大好，但與同學相處的這四年，我知道班上的同學其實就是台灣新一代年輕人的縮影，您們都在跟我相同年紀的時候，就已經知道自己人生要什麼，或至少知道自己不要什麼，這真的是很棒！而且您們不愛上課沒關係，至少都還找的到人「罩」；成績不好沒關係，至少懂得用別校成績好的人幫您們寫報告。

一個人最大的本事，是用人的本事，世事洞明皆學問、處世練達即文章，我過去所任教學校帶班畢業的同學、除少部分家世背景比較好外，幾乎都是台灣社會經濟環境弱勢的年輕人，我們或許學歷比不上台大、家產比不上老大，但誠信、氣魄與勇敢，絕對要有！對未來不怕的

人，面前才會有路！」

在寫完這封信的四年後，我在大學教書也面臨了相同的抉擇，是要繼續作自己現在已經有點心虛的工作，還是投身對我人生、對這個社會更有意義的事情上？過去我用嘴巴教學生，這一次我選擇用行動、用身體力行來向所有我教過的學生證明及分享我的理念：「不怕的人，面前才有路」！

# 十、台鐵鐵路便當

有時候人想暫時離開，不是不愛了，只是需要一點空間與獨處，想想自己目前擁有的各項美好，才能療癒人生短暫的「度爛、灰心及傷痛」，可以重新整備面對未來的勇氣。

在不順心的日子，可以找個理由出差，搭上高鐵到另一個不同氛圍、時空的城市，是幸福的，這時記得還要再帶上一個懷舊、好吃的「台鐵」便當，那就更完美了，在高鐵啟動、打開便當的那一刻，幾乎可以讓鬱卒心情瞬間轉換到快樂頻道。

只是很多朋友會問我，為何搭的是高鐵，買的卻是台鐵便當？理由

只有兩個，首先，高鐵可以快速來回移動城市之間，而且在高鐵上吃鐵路便當特別有旅行感，適合最終還是離不開江湖、有妻有子還有人要照顧的四十歲大叔，來一個短暫的「人間蒸發」，來去都可有效掌握時間，既可達到短暫人間蒸發、調整心情的目的，又能有效掌握時間，萬一江湖有人情道義之各項臨時性需求，亦可滿足，所以不搭火車坐高鐵。

其次，台鐵便當比較好吃，而且跳脫過去的懷舊口味，在台北車站的販賣部中，除了舊有滷排骨的口味，亦有使用木片裝六角形的各種口味的便當，從五穀米、養生蔬食、素食到排骨、雞腿、鰻魚飯都曾見到，而且直接在車站裡買上去不用等，一般我都會買兩個，一個懷舊傳統的鐵路便當，一個隨當日心情挑個新口味的，只有這樣，才能得到心靈與肚皮的雙重滿足。

不知為何，母親罹癌後，有一次要求想吃台鐵鐵路便當，我當然立

馬去買給她吃，但她不要那種新口味的便當，她要的是那種最傳統的滷排骨，裡面還有滷蛋、滷豆乾、醃蘿蔔的那種鐵路便當，我想，在她心理，鐵路便當代表的不只是一個便當，還有年輕時一個人搭火車離開花蓮家鄉、無所畏懼到他鄉打拼的勇氣，那種傳統口味的鐵路便當，應該代表了她那時的心情，以及一種青春、無畏的滋味。

據聞台灣喜劇明星倪敏然在自殺之前的最後身影，就是在宜蘭福隆車站月台上買一個鐵路便當，我想他在準備要離開這個世界前，也還想再嚐一下屬於「一個年代」美好、青春的滋味吧。

所謂「朝念父志、暮思母恩」，我並沒有做到，但最起碼，在每次吃到這種傳統鐵路便當時，我都會想到媽媽的一切，尤其在不順心的日子，想到媽媽那年代的人，即使一無所有，依然無所畏懼，今天的我，較之他們，已擁有太多，面對未來又有什麼好怕的。

台鐵的鐵路便當，在過去長久幾代人共同的美食記憶基礎上，已經變成了一個品牌，而且樂見其仍有持續創新的動能，人在職場，其實也要塑造屬於自己的品牌，品牌像一部雋永的小說（FICTION），而個人塑造品牌的過程，也可以像是寫一本小說過程。

將小說（FICTION）每個英文字母拆開，可以簡單化成幾個心法，時時提醒自己幫自己的職場加值，不要將己身的職場命運或組織生命線，都單一押注在單一老闆或客戶手裡，因為江湖上所謂的「肝膽相照」到「肝膽俱裂」的戲碼，每天都在上演。

首先，第一個字母可化為Fun，亦即：要能對工作樂在其中，每天上班卻沒有上班的感覺，可以為工作廢寢忘食，讓天地感動？其次In：任何成功人士的故事，都必須要對工作有一種特別的認同感，才能發酵、產生力量，您選擇的工作，有沒有這樣的功力？

再來是Cool：這麼多人再做同樣的工作，你做事有沒有給人非常酷的感覺？至少比你的競爭對手要特別？其後，Targeting：妳的工作能力能否抓到社會產業的脈動？Impression：相關工作領域的領導與同仁，在與您工作的過程中，是否能感受到您的用功，並因此留下了深刻的印象？

Obviousness：你工作成果所產生的效果與迴響，是否比其他同業，具有顯著的優勢？最後一個字母可化成Necessity：也就是同樣的工作領域，別人會不會立刻想到你？你的專業，對於社會來說，是否屬於必需、不可替代的？

不過，有時品牌塑造的過程，是相當寂寞的，筆者決定中年轉業，這也是一種個人品牌塑造的決斷風格，但畢竟瞭解的人少，背後說作者腦袋不正常的人多，選擇走一條常人不常走的路，絕對是孤寂的，耐不住寂寞的人，也絕對看不到繁華，如果你下次在疾駛的高鐵上，看到熟

悉的大叔朋友，一個人低啜著咖啡、吃著鐵路便當、若有所思的模樣，請給他一個鼓勵的微笑。

人在江湖，有時許多事情不是不想跟自己親愛的家人、愛人報備，而是說了對改變事實無益，卻可能反而讓自己在乎的人更擔心；再說，天下事也沒有什麼大不了，就只有分成兩種，一種叫做可以解決的，另一種叫做無法解決的，或許剛開始發生時無法辨別，但只要努力過後，就可以把這個問題的答案交給上帝，可以解決的，自然有努力就會解決，不能解決的，那無解就是這個問題的答案。

而且或許當下不覺得，事後回想會發現，其實人生與職場的一切，都是理性後的選擇。有些人無法理解，只因每個人在乎的事物不一樣。例如，有些人在意的是金錢或是權力，所以無法理解為什麼有人可以為除了金錢、權力以外的理由，例如，自由、原則、尊嚴、甚至夢想，而放棄優渥的職位或高薪。

但這世界對每一個人最終的蓋棺論定，也就是因為每個人一生中所「在乎的事」不同，因而累積起來做出的決策，才能決定自己這一生會是什麼模樣，如果我要建立的品牌是勇敢、負責、承諾、無論面對任何利益，絕不犧牲道義，那該下台時就應該下台，該無所畏懼有所承擔時，就應該出來勇敢承擔，這才是做人的滋味。

莎士比亞在羅密歐與茱麗葉中有一句對白，「玫瑰不管換什麼名字，聞起來都是一樣芬芳」！人生的品牌亦如是，職場上誰是人、還是鬼？讓人感念或是讓人咒罵、亦是最終將被遺忘？都取決於我們給自己建立一個什麼樣的品牌。

品牌就是代表著承諾與信任，一個已經建立自己品牌競爭力的人，不管走到哪里，換到那個產業，甚至轉行，都會受人敬重，因為大家都

相信他說的話，人與組織的品牌，如同皇后的貞操不容讓人懷疑，就像台鐵傳統鐵路便當，母親在人生青春時吃的滋味，亦如數十年後到最後所嚐到的滋味，這是一種最美麗的承諾。

人生很多時候，回頭想想許多事情，它的結束與開始，都是注定好的，注定好用一種最適合的結束來結束，注定好用一種最不引人注目的開始來開始，人生有很多課題，才剛剛開始慢慢體會，卻發覺人生已經過了一半；曾經以為這次死定了，過幾年之後偶然想起，其實雲淡風清，宋朝詩人蘇東坡「定風波」詞中的「回首來時蕭瑟處，歸去，也無風雨也無晴」，指的就是這種心境吧！

我有一本寫了十年的心情筆記，從年輕時的大二開始到現在，十九歲到四十三歲，集所有最青春、最無聊、最浪漫、最荒廢、集一切之最的心情，即使記錄了這麼久，我有時都看不出來、不知道自己的人生到

底有什麼長處？寫文章好像也沒有寫得很好、賺錢好像也沒有別人賺得多，賠錢倒是很多時候有我的份，總是想要低調，但卻是在關鍵時刻強出頭，看似理智，卻常意氣用事，即使當老爸了，在骨子裡，還是充滿著不安分的血液，這樣的我，若是有一天惹到大麻煩，我看也是很合理；若是有一天突然大暴起，也沒什麼好奇怪，性格決定命運，如是因、如是果，每段遭遇的形成，背後都會有他的道理。

我，大叔級了，即使「視覺年齡」很努力讓自己看起來不大像，但還是要面對「知天命」的問題，依我對「四十而知天命」的理解，就是孔子認為，一個人活超過了四十年，自己有多少能耐、多少資源、多少運氣、屁股有幾根毛，自己應該很清楚，所以，能夠做到什麼事，自己心裡也有數。

不過，孔子的重點，應該不在「做的到」或「做不到」一件事，而

是知天命之後，一個人去衡量即使達不成目標，是不是也值得去「知其不可為而為之」？我想，應該是這樣的，不然孔子也不會去周遊列國，想在春秋戰國諸侯狼群之中，去找尋實踐自己理想的機會吧！？我的天命是什麼？坦白講，我還真不知道，不過，天生我材必有用，有一條路正在向我召喚，有一種生命的神秘正在佈局，上帝遲早會讓每個人在應該的位置上，做每個人應該做的事情！

# 十一、特色關東煮與便利商店

人到中年，真想好好吃個飯，尤其在那種很賽的時候，外面氣溫13°c、內心溫度接近0°c，而且狀況就是只有一個人的時候，我選擇會去吃關東煮。還記得關東煮最初強打的電視廣告，就是在雪地中，男主角端一碗熱騰騰的關東煮給女主角吃。

台灣很少有雪，但有寒流，記憶中我也曾經在外面冷、心裡寒的時候，接過那一碗有如廣告情節熱騰騰的關東煮，全身都暖了，甚至連心都暖了，那時還是職場菜鳥，很忙，有點過勞，答應一個將遠赴國外好朋友的出國前晚餐已遲到，但大老闆的嘴角依然在會議中滔滔不絕，會

議結束後，已遲到兩小時，衝去約好的餐館，訂位早被取消，以為即將面臨的是地獄式的咒罵，沒想到好朋友只有聳聳肩說，還好宵夜還有關東煮，不知道美國有沒有賣這種東西？

那晚，與好朋友並肩坐在昏黃燈光下、充滿濃濃友情氛圍的關東煮餐廳，吃著暖暖的黑輪、菜捲，街頭開始有點小雨，似乎給了我們更多的理由，多停留一會，還好這種店即使到了營業時間，仍會有供應日本清酒給間歇的酒客，不會趕人，望著窗外霓虹燈、街燈與偶爾來來往往的車燈，原來一天的開始，即使很賽、很鳥，但至少在結束時，我們的態度可以讓我們這一天變得很美好。

關東煮專門店在台灣的開設，不論服務、裝潢與美食味道，部分已經不輸給日本的原汁原味了，不管是在台北市內湖區以餐車起家，到擁有店面，且有一個長得像林志玲的老闆娘聞名的「太鼓判」；抑或台南

林百貨的「大手燒」，其服務、裝潢，以及對食材與關東煮創新特色的用心，都很值得肯定。

人有時候會因為某些回憶某些氛圍，而對某種食物有所偏執，我也不否認自己在一個人時，尤其心情特別低盪或美好時，會特別偏愛吃關東煮，其實並不是關東煮有什麼特別的地方，雖然它的口味從麻辣到清淡都有、品項該有的也幾乎都有，主要也是人生的某些經歷與周遭事務的連結，一如台鐵的鐵路便當。

另一方面，除了上述關東煮名店（如台北的太鼓判、台南林百貨的大手燒）外，我也喜歡便利商店的關東煮，尤其在職場中，最賽、最鳥的事，莫過於接近下班時間，老闆立刻交代一堆「重要且緊急」的事情，好不容易忙完後，才發現還沒吃的晚餐已變成宵夜，這時一般餐廳都已關門，唯一可以讓肚皮救贖、最近的地方，應該就是離辦公室或離

家最近角落的便利商店。

便利商店的簡餐及各類食物，一向被傳統美食家所唾棄，但對於台灣六年級生以上的世代，其成長生活的年代也正是台灣便利店崛起發展的時代，我們這個世代以上的朋友，記憶中都有這樣的經驗，熬夜K書時、團隊寫報告時、過勞工作深夜時，肚子餓了怎麼辦？

這時候，便利商店提供各種微波的中西式的熱食、甜鹹麵包、各種可及時沖泡的泡麵，以及我個人比較偏愛關東煮，讓我們立即解除五臟廟即將被飢餓淪陷的危機，尤其年輕時吃東西，只要是人多、三五好友大家一起吃，就會覺得特別好吃、特別有味道。

不過，隨著年紀漸長，大部分大夥一起吃的飯，已經從「享受」變成了「飯局」，既然是「局」，吃飯的人心思自然也就不在「飯」上，而在計算的「局」上，有時會想念過去青春年少時，與同學朋友一起單

純搶飯吃、心思就在美食或垃圾食物上的美好。

而且，有些時候、有些人，即使再聚在一起，景物縱然依舊，人事早已全非，的確是再也回不去了，一如金庸小說笑傲江湖令狐沖所言：「天下風雲出我輩，一入江湖歲月催；皇圖霸業談笑中，不勝平生一場醉」。

台灣是全世界便利商店密度最高的地方，店總數高達一萬家以上，還不包含非連鎖體系，台灣兩千三百萬人口，平均每三千人就有一家便利商店，走在路上，仔細觀察，您將發現總是走不到百步，就有一家窗明几淨的便利商店在眼前出現，總數加起來甚至超過日本，成為全球擁有便利商店最多的地方。

便利商店已深入了台灣民眾的日常生活，從繳水電費、罰單到買高鐵票、喝咖啡，甚至無聊難耐時，便利商店的書報雜誌音樂ＣＤ隨時抵

消寂寞與孤獨；小朋友明天上學才想到美勞工藝課需要帶的一些工具，別懷疑，到離家最近便利商店找一下，很大機率可以救命。

便利店幾乎是達到無所不能的代表，尤其很多的台灣新竹以北的區域，便利商店實際上還扮演了書店、音樂ＣＤ店、藥妝店、生活雜貨店，甚至是自助餐的功能。而且幾乎全台灣所有便利商店都是24hr，影響所及，也帶動台灣速食業等其他產業，也逐步考量24hr的經營模式，甚至台灣連寺廟，例如台北的龍山寺，都是二十四小營業，台灣連神明都不打烊，這充分代表了台灣人的拼搏精神。而且第一家「２４小時」營業的便利商店，的確源於台灣。

主要根據，來自於民國六十九年台灣引進第一家便利商店7-11，營業時間原本比照美國，是早上七點到晚上十一點。當時位於長安門市的台灣的第一家7-11，來客不多，業績一直清淡，有一天颱風夜卻發生意

外的點子，當時店員無法下班回家，只好在店裡待著，想不到狂風大雨的三更半夜，顧客卻接二連三的光顧，7-11便從這個事件，體會出顧客隨時隨地都有購物的需求，創造了一種新的商機，因此當時的台灣7-11便極其大膽的把營業時間延長至二十四小時。

現在台灣人到外地旅遊，很難適應一個沒有便利商店的地方，同時，也將居住場所是否有擁有便利商店，視作生活機能的首要考量。因為，便利商店總是提供人們即時解決生活小困難的幸福，而台灣人正擁有這種便利幸福，不管多晚、無論寒暑、不談年節、不計風雨，都有便利商店相隨左右！

其實從便利商店的密度，可以窺見一個社會的群體個性，就像從一個人的走路速度可以看出他做事的態度（走路快者，通常個性積極、走路慢者，通常思考周延），在亞洲，尤其台灣、日本、香港地區擁有最

多的便利商店，這正反應我們民族的積極性格。我們的經濟奇蹟、我們中小企業老闆比例居全球之冠的事實，都可看見我們重視效率、積極有幹勁的社會性格，我們需要便利商店，急切解除生活上的不便，渴望用剩餘的時間作更多的事，我們潛意識中有一種追求效率的特質，這讓我們不停地往目標前進，因此，便利商店不斷的開發。

台灣便利商店的龍頭品牌7-Eleven，還有一項創舉，就是將每年的7月11日為「7-11 Day」，據信此傳統為台灣7-Eleven所創，最早美國、日本都沒有喔！創立7-11 Day最早的目的，是希望後勤單位不要忘記第一線門市店作業的辛苦，因此選定每年的此日，所有台灣7-Eleven後勤單位人員包含所有高級主管，都要到門市上班一天，因此又稱「並肩工作日」，後來其他國家陸續仿效，由此看出，台灣的便利商店不僅是一個微型購物商場，也可從便利商店在台灣發展出來的各種「衍生性創

意」，發現台灣移民性格裡追求效率、永遠打拼的卓越優勢！

而且對於社會社區而言，有便利商店開設的角落，因為總是有光、有人、有監視器，所以治安相對較好犯罪率較低，筆者不少朋友都有這樣的經驗，每當覺得四周有不安全感的人事務發生，就會跑到便利商店求助，既提供便利、又發揮社區守護功能，無怪乎許多台灣偏鄉地區，居民都企求社區能開一家便利商店，台灣的便利商店真正做到了「商道」，也是「花若芬芳、蝴蝶自來」的典型。

人在職場，一如便利商店在台灣體現之價值，需要有三本存摺，「一本金錢的存摺（能永續經營）、一本朋友的存摺（客戶都是朋友、都是家人、全家就是你家），以及一本道德的存摺（社會責任）」。

人需要金錢的存摺易懂，因為有儲蓄金錢，才能夠不為生活所迫，因為人的一生所面臨的各種困難，都不及生活的艱難，所以飽經風霜的

人都深知節儉不只是為了儲蓄，也是為了讓自己的生活更容易達到滿足點，知足方有富足，同時有儲蓄才能頂得住人生的無常，就像所有準備轉業或創業的朋友，一般如果單身都至少要準備半年、如果有家庭則要有一年以上的生活準備金，確保家庭生活品質，方可為之，因為有築夢的願望，也要有築夢的實力，願望與實力平衡，才是人生的真相。

朋友人脈的存摺，則是可以增加生命的深度與廣度，以職場而言，一般人遇到最好的工作，往往不是找來的，而是朋友長輩介紹的，而人家之所以願意介紹，主要就是因為平常的口碑所致，尤其中年轉業的朋友，除非專業非常獨門、有特別的利基市場，否則上104等求職網站看看，就知道這不是一個簡單任務。但若平常就有累積相關「真正」的人際關係，而不是只是存在一張「名片」上的人脈。

有句話說的好，「真正的朋友，是在你落難時，不管公開或私下，依然願意站出來挺你的」！一個人在風光時，五湖四海皆朋友是正常的，而且錦上添花有時亦有其必要，一如胡雪巖所說：「花花轎子人人抬」，但唯有受打擊時，依然存在、雪中送炭的朋友，才是世間最值得珍惜的美麗。

人在江湖，不管「錦上添花」或「雪中送炭」都很重要，不過，若有機會回饋，當然肯定是以「雪中送炭組」朋友為第一順位。想要有「添花」或「送炭」的好人緣嗎？可以學學便利商店，便利商店會被認為是大家的好朋友，主要做到以下三件事，首先，它不管晴雨「隨時都在，不一定幫上忙，但總是人們求助的選項」，而且在它的「成本」承受範圍內，它是很樂意做好事的，例如，店員將快過期、即將丟棄的便當分送給需要的人，日本藝術家村上龍就曾經在落魄時，接受過這樣的幫忙。

其次，沒有大小眼，不管穿名牌、穿T恤、穿皮鞋或穿夾角拖、老人、小孩、型男、美女，都可以很自在的去逛逛，就像胡適一樣，從廚師到大官，都會說，胡適之是我的好朋友。

最後，它「不讓自己與別人感到無聊」，常常「創新與更新」服務與產品項目，偶爾就會引領一段社會風潮，例如，「集點公仔、吃霜淇淋、咖啡買一送一」等，其實，人也應該跟便利商店一樣，不管在幾歲，都該有能力在一段時間過後，就讓自己創新與更新一下，即使變個髮型或學一些新東西都好，多交些新朋友，這樣人生會更精彩些，朋友自然也會更豐富，形成良性循環。

筆者十多年的職場歷練，深知跨領域整合與人脈刺激的重要，資源堆疊有效利用以創造多贏的條件，都要靠朋友，畢竟足球不是一個人踢的，單打獨鬥的時代已成為過去。

最後，道德的存摺，不管做人、還是做事，「開大門、走大路」，堅守核心價值，始終是最佳的政策，曾經有便利商店業者因電費漲價，而傳出考慮減少夜間便利商店的照明，所幸此案並未成真，我們依然可以看到深夜長長暗黑的靜巷中，有家窗明几淨的便利商店大放光明，像是在守候每個深夜晚歸的人，尤其對還沒有吃晚餐、又不喜歡微波食物的中年大叔，還可以進去吃碗關東煮、吃根香蕉幫助蕉農，再暖暖的回家。

「不圖小利，始有大謀」，有些時候堅守人生價值，表面上是吃虧、增加成本了，但實際上，報應不爽、天道好還，一如在食安風暴中，始終堅守不添加對人體有害物質的老牌食品公司義美，經歷這次事件，讓消費者更確認義美企業的社會良心，更加願意支持義美的產品。人生大部分時候回頭看，想要偷機、投機的事情，最後總是最難辦，反而踏踏實實、一步一腳印，才是離成功夢想最接近的道路。

# 十二、散步美食之雞排、木瓜牛奶與霜淇淋

散步與美食，真的是與一個城市接觸最好的方式，而一邊散步、一邊吃美食，又是一種帶點悠閒、舒壓，又搞點隨性叛逆、不守規則的感覺，可以說是一種新型的散步時尚。

我第一次看到「散步甜食」這種劃分食物品項方式，是在台南市西門淺草商圈，此區域乃在一九三三年台灣日治時期，由日本人在台南西門市場周圍興建店鋪，建立並命名為「淺草市場」，近年由政府規劃為一個二手市集，結合年輕族群的創意、綠色樂活意識，加以又接近台南美食匯集的大菜市（西門市場），因此變成一個新興的人氣散步與吃美

食的區域。

而散步甜食主張中，最正點的，就是霜淇淋，台灣霜淇淋的風潮，其實由便利商店強力放送，從日本北海道牛奶口味、牛奶糖口味，到日本福岡抹茶口味，幾乎要把日本每一個地名都要用過才甘心，但是不用到日本，台灣的台南就有很多很棒的霜淇淋，甚至熱賣到要買要拿號碼排的狀況，不過，在夏日時光，邊散步邊吃霜淇淋，的確是人生一大享受啊！

散步美食中，還有一樣必須要提的食品，就是逛街三寶「雞排、珍奶、霜淇淋」之首的雞排，其會如此成功，主因亦是其符合了大部分台灣民眾對飲食多元化的要求，一要好吃、二要便宜、三要吃飽，且其特殊食用型態，主要是具機動性，看電影、唱ＫＴＶ、逛街都可帶著吃；以及口味方面從早期單純地以灑上辣椒粉的多寡來區分大、中、小辣的

辣味雞排，慢慢變化出改以灑上五香粉、海苔粉、芥茉粉等粉狀調味料的雞排，以蜜汁醃漬或塗抹而成的蜜汁雞排，包覆起士內餡的起士雞排（或稱日式雞排）。

且其調理方法，也出現了迥異於傳統油炸的碳烤雞排、焗烤雞排；也有強調尺寸的超大雞排、改採雞腿肉的雞腿排、用科學麵來取代傳統麵衣的科學麵雞排等，多變化的口感，突破以往鹹酥雞等小吃炸物的侷限，在美食界被賦與新的定位，後來更因食用時頗具機動性及飽足感，迅速攻佔大街小巷與各大夜市，成為台灣最普遍的小吃之一，許多台灣名人如宅神，都是雞排的頭號粉絲。

而且，關於雞排，還曾成為台灣重要社會新聞議題，其中包括「讀到博士可不可以去賣雞排」？或者，「賣雞排需不需要念到博士」？這曾經都攻佔不少台灣新聞版面議題，引起不少民眾省思。

其實，念博士是一種人生志趣的選擇，而賣雞排是一種工作，提問這個問題本身就有濃厚的階級意識，坦率而言，帶給台灣社會最大貢獻的，反而是一群努力工作、腳踏實地，扮演一種穩定沉默力量的中小企業、微企業老闆，他們所佔台灣GDP的總值達七成，相較於享受政府補貼、把大量就業機會放在海外，回台灣只會炒地皮獵地的部分老闆，這些或許學歷不高、但真實為台灣這塊土地做出貢獻的人，更有資格作為台灣產業的代表，擁有產業發聲的話語權。

根據維基百科的調查，雖然類似做法的小吃，例如鹽酥雞以及其他使用油炸製作的食物，很早就已經存在，但台灣流行的炸雞排，一般認為是在一九九〇年代末才自市面上出現，台灣農委會畜牧處在其二〇〇六台灣黃金雞排嘉年華系列活動歷史資料中，曾提到經台灣農委會與特蒐小組，追根溯源找到的黃金雞排開山始祖，是來自於鄭姑媽雞排的負責人鄭光榮，所以幾乎可確定雞排是台灣原創性的美食。

雞排雖然對六年一班的中年大叔來講吃多容易上火、熱量有點太高，但在雞排還可以帶進電影院的年代，它可是代表了青春的記憶，而且不可諱言，它也養活了相當多的轉業人口、圓了許多人的老闆夢，從最有名的宋博士投身賣雞排成功的故事，到其實沒有在賣雞排的雞排妹爆紅，雞排也以各種方式造就一項項的人生傳奇。

人到中年，不管是因為健康，還是減肥等自我抑制的各種因素，吃雞排的機會越來越少，但偶而想到青春往事、或遇到鳥事、又或是面臨工作靈感枯竭時，來一份雞排，依然是非常有效的特效藥。

人在職場，應該可以從雞排身上，領悟到不少東西，若以行銷理論七P來分析，首先，認識自己的靈魂（product）：發現自己的talent，（我是我，我從自身而來，藉抉擇與行動，找到方法打造自己）、誠實

面對自己，以雞排而言雖然發展歷史不長，但隨著時間的演進及市場的競爭，不斷地推陳出新，從油炸到火烤，衍生出許多不同的種類，甚至為了追求品質，有更不惜血本的作法，例如極少數的炸雞排老闆，會使用自雞的皮下脂肪的雞油來當炸油，但成本較高，所以大部份的老闆不會這樣做，但優點是雞排會更香且不會有炸油的異味感。

其次，把握機會秀自己（promotion）：勇敢面對自己的抉擇，沒有在賣雞排的雞排妹雖然評價兩極，但很懂得在台灣不管選舉、或新聞事件、爭取機會找到自己的舞台，經營公眾口碑（public opinion）與人脈粉絲（people）為自己造時勢。

同時，建立自己的表演舞臺（place）：雞排之所以可成為逛街三寶之首，就是因為它除了機動性強，而且有飽足感，有些怕胖又愛吃的人士，剛好藉由劇烈長時間的血拼逛街，消耗熱量。一如在職場上，我們

有無想辦法在一個自己有興趣的路線中，做到傑出，讓別人每次想到某些問題，就想到您，這就很重要！

另方面，因為與我相同年紀的宋博士中年轉業賣雞排，也讓「賣雞排」這件事，在社會上被重新估價評估（price），職業無貴賤，只要可以養活自己、甚至為社會創造就業機會，每年繳稅，就是對社會有貢獻，就算是博士也可以勇敢卡位（POSITION），不怕的人面前才有路！

尤其台灣在少子化的浪潮下，面對課堂上或許也不大想上課的同學，或者是根本連老師自己都不知道，自己現在所「教」及「交」給學生的東西，未來在他們出社會後是否可以用的到？這樣的心虛感，驅使我還不如就親自投身到產業社會去歷練。

尤其，台灣高等教育最大的問題，就在於學校教育在技職教育普遍

綜合科技大學大學化後，與產業嚴重脫節，既失去了原有踏實的專業基本功，又談不上創新，無怪乎科技業大老童子賢指出，要重振技職教育，反對廣設科技大學，並批評現今高等教育只是「一大推人假裝在教書、一大推人假裝在讀書，對國家無益，只是編預算養活這群人」。坦率而言，對於曾經擔任大學老師的我而言，其實深有同感。

另一方面，多如牛毛的教育法規與獎勵，又頗多箝制年輕創新學者的發展，就像是大學老師的升等制度，過去總是在驅策老師將青春時光耗費在寫出多少篇ssci等級的論文，才可以升等，結果造就台灣國際論文發表量雖然提升，但整體社會經濟卻反指標沉淪。

這代表一個社會好的腦力、軟實力，都在做虛功，大學教授寫出的東西既無法「經世」，更無法「致用」，現在雖然又推出多元升等制度，但審核權依然把持在同一批老人手上，結果換湯不換藥。一如阿里

巴巴創辦人馬雲所表達，「當一個社會談創新的，都是五、六、七十歲的老頭，這個社會怎麼會有救」？

每次談到世代正義的問題，台灣年輕人其實就有點無力感，但還好他們可以吃好吃的大雞排、再不爽還可以開除老闆去賣雞排，萬一怕火氣太大，還有吃雞排的好伴侶「木瓜牛奶」。

只是吃雞排為何要配「木瓜牛奶」？配可樂或珍奶不好嗎？當然也有人這麼做，不過，真正的「養生級大叔老饕」，都會這樣配，一為木瓜有酵素，可以促進腸胃健康，減緩雞排炸物的油膩感，二來，新鮮的牛奶，對於胃酸也有緩和作用，避免吃雞排胃酸過多造成的不適感，而且喝牛奶後也可有飽足感，同時，喝木瓜牛奶，想著飲料主角「木瓜」，也頗具職場勵志效果。

因為台灣一部談棒球的電影「KANO」，讓很多人知道，台灣木瓜

會又大又好吃的秘訣，就是在其樹根部位釘上鐵釘，讓其覺得自己快死了，就會奮力生長結果，努力產出最好的下一代延續生命。

台灣現在的木瓜農更狠，或者說做的更徹底，其方法已非在木瓜樹根上釘上鐵釘這樣簡單，而是等到木瓜從幼苗成長到一定階段，將木瓜整隻於中段部位將其折倒，雖讓木瓜不到死的地步，但相信絕對痛不欲生，由此激發出來的生命力更驚人，無怪乎台灣木瓜品質乃是國際級，可以外銷到日本等國家。用這樣的木瓜配上新鮮牛奶的木瓜牛奶，不只好喝，而且不用再加入砂糖，在許多路旁或夜市中的飲品店都可買到現打的木瓜牛奶。

有關木瓜牛奶的起源眾說紛紜，有兩種江湖說法，一說起源於台中市中華路夜市，一家經營飲品的陳姓老闆，在多次比較各種水果與牛乳調配後的口味後，發現木瓜最適合與牛乳混合，於是開始販售木瓜牛乳，另一種說法較為普遍，認為其起源於台灣高雄市，所以坊間甚至有店家店名直接命名為「高雄木瓜牛奶大王」。

但無論如何，參考木瓜牛奶的主角木瓜的故事，其深厚的意義也告訴我們，人在職場，受挫力與抗壓力是非常重要的，人生不如意十之八九，甚至非常平常，就像人類的歷史，戰爭其實是常態，和平才是實力恐怖平衡下的結果，職場江湖、刀光劍影亦如是，我們不可能期待人生總是一帆風順，但可希求無愧我心、人生無悔。

而且所有的事件傷疤，都可能會蛻變成未來人生職場的勳章，端看我們在面臨困難時的態度與續航力。不過，抗壓力與受挫力的加強，說是很容易，當下做起來可不容易，所以，吃美食與寫詩、寫文章，都是不錯的舒壓方式。

所以，筆者寫這本書，目的亦在與所有面臨職場問題的人分享，或

許您也正在面臨相同或類似的問題，不妨試試看，在面對重大挫折、賽事、鳥事時，就來一份雞排與木瓜牛奶，或者本書所書寫您最有感覺的美食，YOU ARE WHAT YOU EAT，邊吃邊喝邊想著它們的故事與傳奇，您就可以得到它們的力量，筆者在面臨升職不順時，也試過這樣的方式，伴隨寫詩、寫書以抒情明志。

尤其，這世界最慣常使用阻止人們「改變」的手法，就是使用「恐懼」，用「未知」、「可能失敗」、「風險很大」、「沒收入」、「將會貧窮」、「穩定比較好」等等，人類所能使用所有與「樂觀相反」、「負面」的能量字眼，以及種種我們「早已擁有的東西」、社會的現實，來威脅阻止我們為夢想或信念而改變。但重點是，人生只有一次，「生命有限」才是唯一最稀缺的資源，我們到底要讓「恐懼」這件事，佔去我們人生多大的比例？

曾經有人、其實目前還是，社會上普遍認為「教師」是一份「穩定」的職業，但隨著少子化，已有不少人被迫被他曾經所相信的這份「穩定」資遣或退休了，如果連做一份自己或許沒有那麼喜歡的工作、過其實也還好的生活，都可能會失敗了，那為什麼不把握機會，作自己真正喜歡做的事，過自己真正想過的生活？

被歌手周杰倫稱作「陸地超人」、很多年輕人崇拜的偶像、著名超跑選手林義傑，也曾經為了學費、生活費的壓力，喘不過氣來，不知道自己的人生未來在哪裡？而迷惘到想開車自殺，他卻在準備行動時，給了自己一個人生急轉彎，他與大家分享說，人生需要急轉彎，當您有勇氣為自己闖出來時，人生就會有一條路被您走出來。

當然在現今社會中，許多資源與利益分配早已被「有錢」、「有權」與「有拳」的人所壟斷，但是如許多年輕人所崇拜的知識型網路企

業家詹宏志所說，「在舊勢力中培養新能力」，我們永遠不要放棄，因為這是我們活著的證明，也是我們相信明天會更好的理由，因為我們沒有放棄。

本書最後，也以筆者所寫的一首詩，贈與所有讀者，願在您不順心的時候，有美食與詩伴隨，可以強化療癒效果，找回面對未來、無所畏懼的勇氣。也以此作為此篇的結語：

「市井有誰知國士？難得糊塗最當時；且盡紅塵春秋事，坐看天下風起時」。

# 附錄　推薦美食店家

## 一、臭豆腐

醉經小酌（臭豆腐）
臺北市羅斯福路三段240巷1號
電話：02-2367-8561
營業時間：10:30-14:00，17:00-21:30

實踐堂臭豆腐（臭豆腐）
臺南市新營區中正路37號
電話：06-637-0555，06-6356-843
營業時間：15:00-19:00

豪記臭豆腐（臭豆腐）
臺南市夏林路1號（水萍塭公園對面）
電話：06-222-1010
營業時間：平日16:30-24:00，
假日11:30-24:00

福記（臭豆腐）
高雄市苓雅區五福三路117-7號
（國軍英雄館旁）
電話：07-241-9477
營業時間：16:00-23:00

江豪記（臭豆腐）
高雄市三民區建工路347號
電話：07-396-1199
營業時間：11:20-00:30

盧記臭豆腐（臭豆腐）
高雄市三民區中華三路253號
電話：07-281-9808
營業時間：11:00-14:00，17:00-01:00

盧記臭豆腐（臭豆腐）
高雄市三民區中華三路253號
電話：07-281-9808
營業時間：11:00-14:00，17:00-01:00

林家臭豆腐（臭豆腐）
臺東縣臺東市正氣路130號
電話：08-933-4637
營業時間：15:30-23:30

## 二、淡水魚丸湯、阿給及阿嬤的酸梅湯

老牌阿給（阿給）
新北市淡水區真理街6-1號
電話：02-2621-1785
營業時間：05:00-13:00（賣完為止）

淡水文化阿給（阿給）
新北市淡水區真理街6-4號（文化國小旁）
電話：02-2621-3004
營業時間：06:00-19:00

三姐妹阿給（阿給）
新北市淡水區真理街2巷1號
電話：02-2621-8072
營業時間：06:00-18:30

楊媽媽小食堂（阿給）
新北市蘆洲區信義路259巷25號1樓
電話：02-2281-0028，0930-827628
營業時間：周一至五06:30-18:30，
星期六06:30-17:00星期日公休

太河阿給
台中市北區忠太東路126號
電話：0980-387114
營業時間：17:00-22:00

古早味魚丸湯（魚丸湯）
臺南市北區忠義路三段27號
電話：06-226-8822
營業時間：06:30-15:30

天公廟魚丸湯（魚丸湯）
臺南市中西區忠義路二段84巷3號
電話：06-220-6711
營業時間：06:30-13:00賣完為止

淡水可口魚丸店（魚丸湯）
新北市淡水區中正路232號
電話：02-2623-3579
營業時間：07:00-20:00

老店淡水魚丸（魚丸湯）
新北市淡水區中正路135-2號
電話：02-2622-5862
營業時間：08:30-20:30

魚丸伯仔（魚丸湯）
新北市瑞芳區九份基山街17號
電話02-2496-0896
營業時間：平日10:00-19:00，
假日10:00-21:00

九份張記傳統魚丸（魚丸湯）
新北市瑞芳區九份基山街23號
電話02-2496-8469
營業時間：平日10:00-19:00，
假日10:00-20:00

阿婆的酸梅湯（酸梅湯）
台北縣淡水鎮中正路135-2號
電話：02-2629-3677
營業時間：10:00-22:00

公園號酸梅湯
台北市中正區衡陽路2號（鄰近餐廳）
電話：02-2388-1091
營業時間：10:30-20:00

阿媽的酸梅湯（酸梅湯）
新北市淡水區中正路135-1號
電話：02-2629-0107
營業時間：10:00-22:00

王品桂花酸梅湯
南投市中興新村光華路88號
電話：04-9233-5888
營業時間：08:00-17:30

台南茶飲茶店・大水缸酸梅湯
台南市南區文南路325號
電話：06-292-1316
營業時間：週一至六09:30-22:00、
週日09:00-17:00

安平楊家酸梅湯
地址：台南市安平區延平街107-1號
電話：0932-872630
營業時間：10:00-19:00

## 三、珍珠奶茶

戀戀紅樓（珍珠奶茶）
金門縣金城鎮模範街22-24號
電話：08-231-2606
營業時間：11:00-23:00

翰林茶館赤崁店（珍珠奶茶）
臺南市中西區民族路二段313號
電話：06-221-2357
營業時間：09:00-03:00

雙江茶行（珍珠奶茶）
臺中市北區學士路150號
電話：04-2235-9070
營業時間：11:00-22:00，
每月第二、四個週日休息

春水堂（珍珠奶茶）
臺中市西屯區朝馬三街12號
電話：04-2254-9779
營業時間：一樓08:30-23:00，
二樓09:30-23:00

## 四、台灣川味牛肉麵

牛爸爸（牛肉麵）
臺北市仁愛路4段216巷27弄16號
電話：02-2778-3075、02-8771-5358
營業時間：11:00-21:00

廖家（牛肉麵）
臺北市金華街111號之14
電話：02-2351-7065
營業時間：11:00-20:30

永康牛肉麵（牛肉麵）
臺北市金山南路2段31巷17號
電話：02-2351-1051
營業時間：11:00-21:30

老張牛肉麵店（牛肉麵）
臺北市愛國東路105號（麗水街口）
電話：02-2396-0927
營業時間：11:00-15:00，17:00-21:00，週一店休

秀昌（水餃、牛肉麵）
臺北市中華路2段309巷20號1樓
電話：02-2332-8261
營業時間：12:00-15:00，17:00-20:30

臺灣牛（牛肉麵）
臺東縣太麻里鄉河川13號
電話：08-978-1555
營業時間：08:00-20:00

大庭牛肉麵
新北市板橋區莒光路80號
電話：02-2960-9370
營業時間：12:00-14:00，16:30-24:00（週日休）

新八樂牛肉麵
新北市新店區三民路35巷2-2號
電話：02-8665-4577
營業時間：11:00-22:00（全年無休）

小伍牛肉麵
新北市永和區福和路212號
電話：02-2921-7555
營業時間：11:00-21:00（全年無休）

老兵牛肉麵
新北市中和區員山路453號
電話：02-2226-8733
營業時間：週一至五11:00-14:30，17:00-21:30，週六、日10:00-22:00

誠記越南麵食館
臺北市永康街6巷1號
電話：02-2321-1579、02-2322-2765
營業時間：11:30-23:30

韓記老虎麵食館
臺北市金山南路1段24號
電話：02-2391-3483
營業時間：11:30-14:30，17:30-21:00，週日店休

中原製麵店（製麵店）
臺北市青島東路23號之11
電話：02-2351-8010，（M）0910-138-464
營業時間：11:00-13:00，每週六日店休

## 五、米粉湯及其「黑白切」配菜

汐止街仔內米粉湯
新北市汐止區光明街25號
電話：未提供
營業時間：07:00-13:00週一公休

勇伯米粉湯
台北市士林區承德路四段6巷45號
電話：02-28853112
營業時間：08:00-15:00

七張米粉湯
新北市新店區北新路一段239號
電話：02-2911-4446
營業時間：07:30-03:00全年無休（過年不一定）

喜相逢米粉湯
新北市淡水區長興街2號
電話：02-26250027
營業時間：24小時營業

80號攤米粉湯
新北市汐止區中興路250號金龍市場80號攤
電話：0911-297247
營業時間：07:00-13:00（周一公休）

榕樹下米粉湯
新北市平溪區十分街96-1號
電話：02-2495-8276
營業時間：09:00-15:00，週六、日08:00-19:00
（周一、二公休）

惠國市場米粉湯
新北市新店區德正街44號1F
電話：02-29111906
營業時間：06:00-13:30賣完就收攤
（周一公休）

正雄小吃部（黑白切）
宜蘭市文昌路5號
電話：03-935-1159
營業時間：10:00-17:00週三公休

榕樹下麵店
地址：花蓮縣花蓮市中華路453巷9號
電話：03-852-7758

賣麵炎仔（金泉小吃店）
台北市大同區安西街106號
電話：02-2557-7087
營業時間：08:00-16:00賣完為止

# 六、手沖咖啡與個性咖啡館

湛盧咖啡　瑞光館
台北市瑞光路587號
電話：02-8751-9566
營業時間：10:00-22:00

鍋爐咖啡　關渡店
台北市北投區大度路三段296巷39號
電話：02-2891-5990
營業時間：12:00-20:00

黑潮雅客咖啡館
台北市內湖區民權東路六段201號1樓
電話：02-2796-0199
營業時間：12:00-22:00

ATTS Coffee
新北市板橋區文化路二段182巷7弄3號
電話：02-8252-1701
營業時間：週二～五11:00-21:00，週六10:00-21:00，假日10:00-19:00（週一休）

小說咖啡聚場
台南市南門路69號
電話：06-221-6877
營業時間：11:00-22:00週三公休

破屋
台南市民生路一段132巷5號
電話：06-228-7219
營業時間：18:00-02:00週二公休（平日）
10:00-02:00週六及週日

鹿角枝
台南市樹林街二段122號
電話：06-215-5299
營業時間：09:00-18:00週一公休（平日）
08:00-18:00週六及週日

鵪鶉鹹派
台南市府前路一段126號
電話：06-228-2038
營業時間：09:00-17:00週三公休

廣富號
台南市永福路二段35巷11號
電話：06-223-1358
營業時間：10:00-21:00週二公休

兩倆
台南市信義街100號
電話：09-7826-6697
營業時間：14:00-21:00週一、週四公休

寮國咖啡
台南市中山路79巷60號
電話：06-222-5358
營業時間：09:30-17:00週日公休

十八卯茶屋
台南市民權路2段30號
電話：06-221-1218
營業時間：10:00-20:00週一公休

衛屋茶事
台南市富北街74號
電話：09-2625-1122
營業時間：13:00-22:00不定時公休

1982 Life House
台南市永福路一段68巷9號
電話：09-3571-1982
營業時間：13:00-19:00週二、週三公休

# 七、蚵仔煎及台灣夜市小吃

阿宗蚵仔煎
台北市北投區磺港路24號
電話：無
營業時間：12:00-22:00不定時公休

東門雞肉飯（火雞肉飯）
嘉義縣嘉義市光彩街198號
電話：05-228-2678
營業時間：05:00-20:30

噴水雞肉飯（火雞肉飯）
嘉義縣嘉義市西區中山路325號
電話：05-222-2433
營業時間：10:00-21:00

微笑火雞肉飯（火雞肉飯）
嘉義縣民雄鄉建國路二段56號
電話：05-221-3079
營業時間：06:00-14:00

合口味（薑絲大腸）（米篩目）
高雄市美濃區民族路3號
電話：07-681-1221，07-681-6604
營業時間：11:00-14:00，17:00-20:30

渡小月（西滷肉）
宜蘭縣宜蘭市復興路二段58號
電話：03-932-4414
營業時間：12:00-14:00，17:00-21:00
四海居小吃部（西滷肉）
宜蘭縣宜蘭市康樂路137巷9號
電話：03-936-8098
營業時間：06:00-16:00
鎮傳四神湯（四神湯）
臺南市中西區民族路二段365號（赤崁樓對面）
電話：06-220-9686，（M）0927-729292
營業時間：11:30-24:00
周氏蝦捲
臺南市安平區安平路408號之1
電話：06-280-1304
營業時間：10:00-22:00
府城黃家蝦捲
臺南市安平區西和路268號
電話：06-350-6209
營業時間：14:30-20:30
謝家米糕（肉羹）
彰化縣員林鎮中正路265號
電話：04-831-8646，（M）0919-318646
營業時間：11:00-22:00週二休息

台灣寶（大腸包小腸）
彰化縣北斗鎮宮後街14號
（中華電信斜對面，近中華路）
電話：04-887-7307
營業時間：11:00-21:00週一休息
阿泉爌肉飯（焢肉飯）
彰化縣彰化市成功路216號
電話：04-728-1979
營業時間：07:00-13:30
阿章爌肉飯（焢肉飯）
彰化縣彰化市南郭路一段263號之2
（中山路2段口，彰化縣政府旁）
電話：04-727-1500
營業時間：17:30-03:30
小春三星卜肉（糕渣）
宜蘭縣羅東鎮民權路羅東夜市內1109攤
電話：（M）0937-454218
營業時間：18:00-01:00
八味料理屋（糕渣）
宜蘭縣羅東鎮四育路151號（羅東高中斜對面）
電話：03-961-3468，03-961-3469
營業時間：11:30-14:00，17:00-21:00
林場肉羹（肉羹）
宜蘭縣羅東鎮中正北路109號
電話：03-955-2736
營業時間：08:00-18:00

天一香肉羹順（肉羹）
基隆市仁愛區仁三路27-1號（廟口第31號攤）
電話：02-2428-3027
營業時間：07:00-01:00

阿圖麻油雞麵線（麻油雞）
臺北市中山區林森北路552-2號
電話：02-2597-7811
營業時間：週一至六11:00-24:00，
週日11:00-21:00

小南門福州傻瓜乾麵（福州麵）
臺北市大安區杭州南路一段7號
電話：02-2394-4800
營業時間：06:00-23:00

福州乾拌麵（福州麵）
臺北市大安區羅斯福路一段35巷11號
電話：02-2341-9425
營業時間：11:00-14:30，17:00-21:00

通伯臺南碗粿（碗粿）
臺北市大同區南京西路233巷19號
（永樂市場口）
電話：02-2555-6092
營業時間：10：20-19:00週日店休

阿桐阿寶四神湯（四神湯）
臺北市大同區民生西路153號
電話：02-2557-6926
營業時間：10:00-05:00

三元號（肉羹）
臺北市大同區重慶北路二段9號、11號
電話：02-2558-9685
營業時間：09:00-22:00

永樂雞捲大王（雞捲）
臺北市大同區延平北路二段50巷6號
電話：02-2556-0031
營業時間：07:30-13:00週一店休

## 八、台灣不敗茶品之烏龍茶及紅茶

天芳茶行（日月紅茶）
新北市三峽區成福路163號
電話：02-2672-6808，02-2672-6885
營業時間：09:00-22:00

日月老茶廠（日月紅茶）
南投縣魚池鄉中明村有水巷38號
電話：04-9289-5508
營業時間：09:00-17:00

日新茶園（酸柑茶、東方美人茶）
苗栗縣頭份鎮興隆里上坪5鄰29之1號
電話：03-766-3749
營業時間：08:00-20:00，週日13:00-20:00

徐耀良茶園（東方美人）
新竹縣峨眉鄉峨眉村10鄰89號
電話：03-580-0110，（M）0930-842075
營業時間：

九份茶坊（九份茶坊有限公司）
新北市瑞芳區基山街142號
電話：02-2496-9056，02-2497-6487
營業時間：平日09:00-20:00，假日09:00-22:00

正全茶行

新北市三峽區竹崙里紫微路6號

電話：02-2668-2161

營業時間：07:00-22:00

## 九、溫州大餛飩

百葉溫州大餛飩
新北市淡水區中正路177號
電話：02-2621-7286
營業時間：10:00-20:30

食匠溫州大餛飩
新北市三峽區文化路140號1樓
電話：02-2672-5333
營業時間：10:00-22:00（過年休初一至初三）

溫州大餛飩之家（溫州大餛飩）
臺北市西寧南路63-3號
電話：02-2382-2853
營業時間：10:00-21:30

液香扁食店（溫州大餛飩）
花蓮市信義街42號
電話：03-832-6761
營業時間：09:00-21:30

戴記扁食（溫州大餛飩）
花蓮市中華路120號
電話：03-835-0667
營業時間：07:00-00:30

# 十、台灣之鐵路便當

台灣煤礦博物館（礦工便當）
新北市平溪區新寮村頂寮子5號
電話：02-2495-8680
營業時間：09:00-16:00週一公休

奮起湖阿良鐵支路便當
地址：嘉義縣竹崎鄉中和村（奮起湖）117號
電話：（05）256-1809，（05）256-1609
營業時間：10:00-17:00

台東池上便當
台東縣池上鄉中正路1號
電話：089-362656
營業時間：06:00-23:00

花蓮鐵路懷舊便當
花蓮縣花蓮市國聯一路57號
電話：03-833-3538、0926-949776
營業時間：10:00-20:00
（公休日請注意店內公告）

雅湖鐵路便當
嘉義縣竹崎鄉中和村112-1號
電話：05-256-1097
營業時間：8:00-19:00

湯記食堂－懷舊鐵路月台便當
新竹市東區建功一路218號
電話：03-573-3989
營業時間：10:30-13:30，16:30-21:00
（週六公休）

福隆鐵路便當
宜蘭市光復路20號
電話：03-935-3662
營業時間：10:00-20:00

紅寶礦工食堂
新北市平溪鄉菁桐老街58號（菁桐老街內）
電話：09-2193-0949
營業時間：週二、週三、週四店休

關山源昌便當
台東縣關山鎮民權路1-5號（關山火車站出來）
電話：08-981-1246
營業時間：07:00-20:30

花蓮懷舊鐵路便當
花蓮市國聯一路57號（火車站正對面）
電話：03-8333-538／0926949-776

# 十一、特色關東煮

轉角關東煮かどおでん
內湖區港墘路82巷9號1樓
電話：02-8751-9987
營業時間：12:00-14:00，17:00-22:00

太鼓判Oden Studio行動關東煮
台北市內湖區金湖路339號
電話：09-6811-8475
營業時間：傍晚燈亮開始營業～12:00
（週日公休）

旅人關東煮
台南市中西區府前路一段95號
電話：0986-578-382
營業時間：18:30-01:00週日，週一公休

## 十二、雞排、木瓜牛奶與霜淇淋

捲尾家冰淇淋
台南市中西區正興街92號
電話：無
營業時間：平日14:00-21:00／假日11:00-21:00

宇治・三星園・新町稻禾霜淇淋
台南市中西區忠義路二段63號（林百貨一樓）
電話：無
營業時間：11:00-22:00

彰化木瓜牛乳大王（木瓜牛乳）
彰化縣彰化市中華路37號
電話：04-724-9840
營業時間：10:30-23:30

陳家牛乳大王（木瓜牛乳）
臺中市中華路一段121號前（中華路夜市）
電話：無
營業時間：19:00-02:00

霧峰木瓜牛乳大王（木瓜牛乳）
臺中市霧峰區民主街26號
電話：04-2330-2899
營業時間：08:00-22:00

高雄牛乳大王（木瓜牛奶）
高雄市前金區中華三路65-5號
電話：07-282-3636
營業時間：11:00-22:00

光華木瓜牛奶大王（木瓜牛奶）
高雄市苓雅區光華一路402號
電話：07-716-0469
營業時間：09:00-02:00

花蓮木瓜牛奶（木瓜牛奶）
花蓮市南京街346號
電話：03-833-9095
營業時間：12:30-00:00

三重牛乳大王
新北市三重區重新路一段73號
電話：02-2989-5718
營業時間：09:30-11:30

山海觀茶坊（山海全觀茶坊）
新北市瑞芳區基山街150號
電話：02-2406-3069
營業時間：08:30-23:30，假日09:00-01:00

秀威經典　　生活風02　PG1421

# 一食入魂之職場療癒系美食

作　　者／彭思舟
責任編輯／林千惠
圖文排版／楊家齊
封面設計／王嵩賀

出版策劃／秀威經典
發 行 人／宋政坤
法律顧問／毛國樑　律師
印製發行／秀威資訊科技股份有限公司
114台北市內湖區瑞光路76巷65號1樓
電話：+886-2-2796-3638　傳真：+886-2-2796-1377
http://www.showwe.com.tw
劃撥帳號／19563868　戶名：秀威資訊科技股份有限公司
讀者服務信箱：service@showwe.com.tw
展售門市／國家書店（松江門市）
104台北市中山區松江路209號1樓
電話：+886-2-2518-0207　傳真：+886-2-2518-0778
網路訂購／秀威網路書店：http://www.bodbooks.com.tw
國家網路書店：http://www.govbooks.com.tw

2015年7月　BOD一版
定價：280元

國家圖書館出版品預行編目

一食入魂之職場療癒系美食 / 彭思舟著. -- 一版. -- 臺北市 : 秀威經典, 2015.07

面； 公分

BOD版

ISBN 978-986-91819-2-1(平裝)

1. 飲食 2. 臺灣

427 104010171

# 讀者回函卡

感謝您購買本書，為提升服務品質，請填妥以下資料，將讀者回函卡直接寄回或傳真本公司，收到您的寶貴意見後，我們會收藏記錄及檢討，謝謝！

如您需要了解本公司最新出版書目、購書優惠或企劃活動，歡迎您上網查詢或下載相關資料：http:// www.showwe.com.tw

您購買的書名：______________________________

出生日期：________年________月________日

學歷：□高中（含）以下　□大專　□研究所（含）以上

職業：□製造業　□金融業　□資訊業　□軍警　□傳播業　□自由業

　　　□服務業　□公務員　□教職　□學生　□家管　□其它______

購書地點：□網路書店　□實體書店　□書展　□郵購　□贈閱　□其他

您從何得知本書的消息？

□網路書店　□實體書店　□網路搜尋　□電子報　□書訊　□雜誌

□傳播媒體　□親友推薦　□網站推薦　□部落格　□其他__________

您對本書的評價：（請填代號　1.非常滿意　2.滿意　3.尚可　4.再改進）

封面設計____　版面編排____　內容____　文／譯筆____　價格____

讀完書後您覺得：

□很有收穫　□有收穫　□收穫不多　□沒收穫

對我們的建議：______________________________

______________________________

______________________________

______________________________

請貼
郵票

11466
台北市內湖區瑞光路 76 巷 65 號 1 樓
**秀威資訊科技股份有限公司** 收
BOD 數位出版事業部

（請沿線對折寄回，謝謝！）

姓　　名：＿＿＿＿＿＿＿＿　年齡：＿＿＿＿　性別：□女　□男

郵遞區號：□□□□□

地　　址：＿＿＿＿＿＿＿＿＿＿＿＿＿＿＿＿

聯絡電話：（日）＿＿＿＿＿＿＿＿（夜）＿＿＿＿＿＿＿＿

E-mail：＿＿＿＿＿＿＿＿＿＿＿＿＿＿＿＿